普通高等教育"十二五"部委级规划教材（高职高专）

印染仿色技术

YINRAN FANGSE JISHU

童淑华　编著

中国纺织出版社

内 容 提 要

本书按照真实的印染仿色过程设计三大模块,即看色、染色及调色。这三大模块即为仿色的三项能力,围绕三大模块安排了十个训练项目,即颜色基础知识、人工测色、计算机测色、来样分析、印染知识、印染仿色基本工艺、印染仿色基本操作、人工调色、计算机配色及仿色技巧。其中"染色"是基础,"看色"是前提,"调色"是关键,也是重点、难点。

本书内容安排与仿色三项能力紧密结合,着重看重"调色"中的"调",目标明确,有很强的实用性和可操作性,可作为高等职业院校染整技术专业学生仿色技能训练的教材,也可作为印染行业相关技术人员的培训与参考用书。

图书在版编目(CIP)数据

印染仿色技术/童淑华编著 . —北京:中国纺织出版社,2014.7(2025.8重印)

普通高等教育"十二五"部委级规划教材 . 高职高专

ISBN 978-7-5180-0613-7

Ⅰ.①印⋯ Ⅱ.①童⋯ Ⅲ.①染整—配色—高等职业教育—教材 Ⅳ.①TS193.1

中国版本图书馆 CIP 数据核字(2014)第 080088 号

策划编辑:范雨昕 秦丹红 责任编辑:张晓蕾 责任校对:寇晨晨
责任设计:何 建 责任印制:周平利

中国纺织出版社出版发行
地址:北京市朝阳区百子湾东里 A407 号楼 邮政编码:100124
销售电话:010—87155894 传真:010—87155801
http://www.c-textilep.com
官方微博 http://weibo.com/2119887771
北京虎彩文化传播有限公司印刷 各地新华书店经销
2025 年 8 月第 7 次印刷
开本:787×1092 1/16 印张:10.25
字数:204 千字 定价:35.00 元

出版者的话

《国家中长期教育改革和发展规划纲要》(简称《纲要》)中提出"要大力发展职业教育"。职业教育要"把提高质量作为重点。以服务为宗旨,以就业为导向,推进教育教学改革。实行工学结合、校企合作、顶岗实习的人才培养模式"。为全面贯彻落实《纲要》,中国纺织服装教育学会协同中国纺织出版社,认真组织制订"十二五"部委级教材规划,组织专家对各院校上报的"十二五"规划教材选题进行认真评选,力求使教材出版与教学改革和课程建设发展相适应,并对项目式教学模式的配套教材进行了探索,充分体现职业技能培养的特点。在教材的编写上重视实践和实训环节内容,使教材内容具有以下三个特点:

(1)围绕一个核心——育人目标。根据教育规律和课程设置特点,从培养学生学习兴趣和提高职业技能入手,教材内容围绕生产实际和教学需要展开,形式上力求突出重点,强调实践。附有课程设置指导,并于章首介绍本章知识点、重点、难点及专业技能,章后附形式多样的思考题等,提高教材的可读性,增加学生学习兴趣和自学能力。

(2)突出一个环节——实践环节。教材出版突出高职教育和应用性学科的特点,注重理论与生产实践的结合,有针对性地设置教材内容,增加实践、实验内容,并通过多媒体等形式,直观反映生产实践的最新成果。

(3)实现一个立体——开发立体化教材体系。充分利用现代教育技术手段,构建数字教育资源平台,开发教学课件、音像制品、素材库、试题库等多种立体化的配套教材,以直观的形式和丰富的表达充分展现教学内容。

教材出版是教育发展中的重要组成部分,为出版高质量的教材,出版社严格甄选作者,组织专家评审,并对出版全过程进行跟踪,及时了解教材编写进度、编写质量,力求做到作者权威、编辑专业、审读严格、精品出版。我们愿与院校一起,共同探讨、完善教材出版,不断推出精品教材,以适应我国职业教育的发展要求。

中国纺织出版社
教材出版中心

前言

众所周知,印染产品丰富着我们多姿多彩的生活,染整技术赋予了纺织品颜色。随着市场对纺织品质量要求的不断提高,客户对颜色的要求也越来越严格。在实际生产活动中,能否快速准确地染出客户满意的颜色,不但影响企业的生产效率,而且影响企业的经济效益和外部形象乃至影响着企业的生存与发展。因此印染行业离不开具有较高仿色技能的染整技术人才。

印染仿色就是看色—染色—调色的过程。看色需要掌握颜色的基本知识、具备颜色识别(色差判断)的能力;染色需要掌握染色的基本知识、染色方法、具备染色或印花工艺设计的能力、具备设备器材的使用方法和各种染色或印花仿色打样的基本操作;调色过程是建立颜色与染料浓度的关系、大样与小样之间的关系、熟悉颜色调整的方法与步骤、色差原因分析与解决办法等。印染仿色技术是探讨提高仿色,即看色、染色和调色三个核心能力的方法。

看色的目的是对标样与试样进行色差的比对和评价。看色的能力是印染布的跟单员和质检员的必备技能;染色是针对不同的纺织材料制订不同的印染工艺并按照工艺要求进行操作。染色是企业仿色打样员的必备技能;调色是在比对试样与标样色差的前提下进行颜色的调整,使其色差缩小至允许范围。调色的能力是印染调色师必须具备的技能。

根据这一思路,本教材将仿色技术的三个能力设计成三个模块:即看色、染色和调色。每个模块分为若干项目,每个项目下又分为若干任务。

本书在编写的过程中参考了大量相关文献、书籍及全国高职高专院校学生染色工技能大赛相关资料。在编写的过程中得到了各级领导和同事的大力支持,在此一并表示衷心的感谢。由于编者水平有限,难免有疏漏和不足之处,敬请读者谅解,并恳请提出宝贵意见。

编著者

2013 年 12 月

👉 课程设置指导

课程名称:印染仿色技术

使用专业:染整技术专业

总学时:84~112 小时

课程性质 本课程为染整专业学生核心专业技能培养的实训课程

教学目标

1. 使学生理解并掌握印染基础知识、颜色基础知识以及计算机测色操作。

2. 使学生具备印染仿色打样基本工艺的能力。

3. 使学生能够定性判断原样与试样之间色差,并能进行色差级别的评定。

4. 使学生掌握主要染料染色或印花的打样方法,熟练织物仿色打样的各种设备仪器的操作,要求动作规范准确,出样稳定,要求达到行业仿色打样工的操作水平。

5. 掌握印染仿色的基本原理和调色方法,调色水平达到染色小样工中级工的技能要求。

教学基本要求

1. 教学方法

以实训为主,采取任务驱动和教学作一体化进行。教师严格按照基础色样的质量要求和仿色结果要求(色差 4 级以上)来考核学生操作能力和仿色能力,任务由老师下达至每个学生,而且每个学生的任务应避免相同(避免抄板)。

2. 教学程序

看色→染色→调色。

(1)看色。颜色基础知识介绍(涂料印花快速仿色)→计算机测色与分析→人工测色与分析→客户来样分析(纤维鉴别与染料鉴别)→颜色色差识别测试。

(2)染色。印染仿色基本工艺(选择一种)→印染仿色仪器设备及操作→仿色操作能力测试→单色打样训练→色三角打样训练→打样稳定性测试。

（3）调色。调色原理→配方的计算与调整→两拼色打样训练→三拼色打样训练→敏感色打样训练。

3. 考核办法

本训练的考核由理论考试和仿色技能考试两个部分组成。其中仿色技能考试占80%,理论考试占20%。理论考试采用笔试,技能考试采用现场完成两个色样的仿色任务,根据两个色样仿色的色差级别评分,而且参加技能考试前必须按照要求完成基本的仿色任务。

教学学时分配

训练模块	项目名称	项目内容与要求	学时
模块一 看色	一、颜色基础知识	熟练掌握色差描述和余色、补色原理	机动
	二、人工测色	熟练掌握色差描述、色差标准和色差的评级方法	7
	三、计算机测色	掌握计算机测色原理、测色操作及测色数据的分析,对基础色样进行测色并贴样	
	四、来样分析	了解来样染料种类鉴别方法和来样纤维材料种类的鉴别方法	机动
模块二 染色	一、印染知识	按照任务要求熟悉常用染料、助剂及染色印花的基本工艺原理	机动
	二、印染仿色基本工艺	按照任务要求熟练掌握常用仪器设备的操作	7
	三、印染仿色基本操作	按照任务要求熟练掌握训练所用的仿色基本工艺的设计并按照设计的仿色工艺制作基础色样	28
模块三 调色	一、人工调色	按要求完成10个以上色样的仿色任务	63~77
	二、计算机配色	了解计算机配色原理	机动
	三、仿色技巧	熟悉调色原则、误差分析以及常用修色方法	机动
合　　计			119

目录

模块一　看色

模块二　染色

模块三　调色

模块一　看色

应知：

1. 颜色基础知识

2. 看色方法和色差标准

3. 计算机测色原理

4. 纤维面料基本常识及印染方法

应会：

1. 中性灰的涂料快速混色

2. 色差的正确评级

3. 计算机的测色操作与数据分析

4. 经过审样确定印染方法

项目一　颜色基础知识

本项目包括三个任务：颜色的认知、颜色的混合（包括涂料印花快速混色训练）、色差及其表示方法。

颜色基础知识主要掌握物体颜色与光的关系、颜色的三要素、颜色的混合原理以及标准光源等常识。

颜色的表示与测量了解三种色度空间，即孟塞尔色度空间、$CIEL^*a^*b^*$色度空间、三原色浓度空间；色差的表示方法。

任务一　颜色的认知

一、光与色

1. 电磁波与可见光

光是一种电磁波，是太阳照射到地球表面的全部波段的一部分。光（电磁波）的传播速度是 $c=3×10^5 km/s$，光速（c）、波长（λ）和频率（ν）的关系是 $c=\lambda\nu$。光速不变，波长与频率成反比，即波长越长则频率越小。可见光是人眼睛能感知的电磁波，其波长在 380~780nm 之间。波长小于 380nm 的电磁波是紫外光，波长大于 780nm 的电磁波是红外光。见图 1-1。

2. 可见光的波长与颜色

人们看到的光是白色的，包含着全部波长的所有光线。当一束白色的光通过具有折射功能

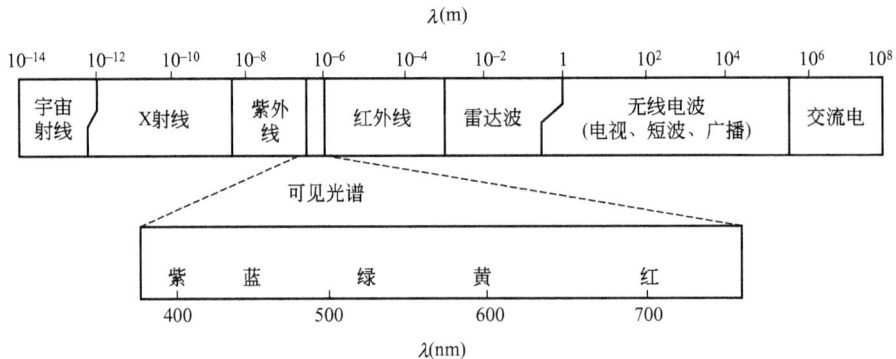

图 1-1 可见光在电磁波谱中的位置

的三棱镜的时候,我们就会看到红、橙、黄、绿、青、蓝、紫的七色光。见图 1-2。这是因为可见光的颜色不同,波长不同,折射系数也就不同,因此,白光不是单色光,也就是说白光是复合光,是由若干有色单色光复合而成的。各种颜色的可见光的近似波长范围见表 1-1。

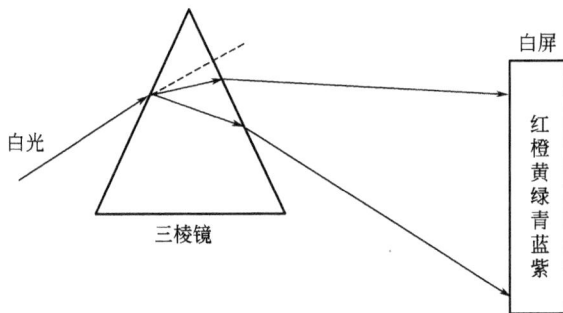

图 1-2 光的色散

表 1-1 各种颜色的可见光的近似波长范围

光的颜色	波长(nm)	光的颜色	波长(nm)	光的颜色	波长(nm)
近红外	760~2500	黄	560~590	蓝	430~480
红	620~760	绿	500~560	紫	400~430
橙	590~620	青	480~500	近紫外	200~400

3. 单色光与复合光

在光谱中每种波长的有色光称为单色光。太阳光和其他光源的光都是由单色光组成的复色光。把复色光分解成若干单色光叫做分光(色散原理),光源不同其单色光的组成也不相同。把不同波长的单色光按不同的比例混合可以得到不同的有色光叫做光的混合。

4. 物体对光的反射、吸收与透射

当光照射到物体的表面时,物体会对光表现出三种特性——反射、吸收、透射。

（1）反射。反射就是将入射的光线按入射光的法线方向反射出去。物体对光的反射有三种形式：理想镜面的全反射、粗糙表面反射和半光泽面的吸收反射。实际生活中绝大多数彩色物体表面既不是理想的镜面，也不是完全的漫反射体，而是两者之间的半光泽表面。颜色一样，表面结构不同，镜面效果不一样，也会影响视觉效果。

（2）吸收。吸收有两种形式，非选择性吸收和选择性吸收。如果物体对光源中所有波长的光都等量吸收，称为非选择性吸收。例如灰色物体，对所有波长的光都等量吸收所以呈现出灰色；如果物体对入射光中的某些波长的光吸收多一些，而对某些波长的光吸收少一些或不吸收，这种不等量的吸收入射光称为选择性吸收。物体表面之所以能吸收一定波长的光，是由物质的化学结构决定的。不同物体由于其分子和原子的结构不同，而具有不同的本征频率，因此，当入射光照射在物体上，某一光波的频率与物体的本征频率相匹配时，物体就吸收这一波长光的辐射能，是电子能级跃迁到高能级的轨道上，这就是光的吸收。

（3）透射。透射就是入射光经过折射穿过物体后的出射现象。被透射的物体是透明体或半透明体，如玻璃、滤色片等。

5. 物体的颜色

首先颜色是光对人眼睛刺激的结果。没有光就没有颜色的感觉，有光才有颜色感觉。光线弱时只能看到物体灰色的轮廓。那么物体在有光的情况下为什么会呈现出不同的颜色呢？

物体对光有吸收、反射和透射三种特性，不同的物质由于自身化学结构和表面结构的不同，对光源中不同单色光的吸收、反射、透射的程度也不相同。

如果对单色光是等能量的吸收、反射、透射，则光（复合）通过物体吸收、反射、透射后刺激人们眼睛产生的感觉是白色（光源颜色）、灰色（光源减弱下的颜色）、黑色（没有光源光的刺激）。

如果对单色光不是等能量而是有选择性的吸收、反射、透射，则光（复合）通过物体吸收、反射、透射后刺激人们眼睛产生的感觉是这些光混合后的颜色。对于纺织品织物上的颜色，一般不考虑透射的情况，那么入射光一部分被吸收而另一部分被反射。刺激人们眼睛的光就是物体选择性吸收（复合光）后剩下的那部分反射光，物体不同，这部分反射光的组成也就不同，反射光的组成不同，他们混合后形成的颜色也就不同。而且反射光越强颜色越浅，反之越深。

二、颜色的三要素

如前所述，颜色是物体对不同波长光的吸收特性，表现在人视觉上所产生的反映。眼睛观察事物感受到的色泽特征是色调、纯度和亮度。称为颜色的基本特征或颜色的三要素。其中色调和纯度常常并称为色度。熟悉和掌握颜色的三要素，对于描述和分辨颜色是极为重要的。如图1-3所示。

1. 色调（Hue）

色调（H）也称为色相、色名、色别等，它是指颜色的不同相貌，是颜色最主要的特征，也是区

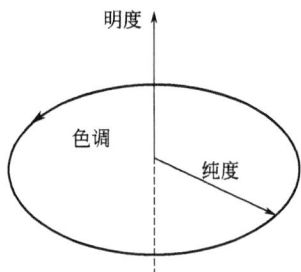

图1-3 颜色的三要素

分颜色的主要依据。非发光物体的色调取决于光源的光谱和物体表面反射光和透射光的光谱。对于单色光来说,色调完全取决于该光的波长;对于混合光来说,色调则取决于各种波长光的相对量。

2. 纯度(Chroma)

纯度(C)也称为饱和度、鲜艳度、彩度和灰度,是指物体颜色接近光谱色的程度。凡是有纯度的色彩,必然有相应的色相感,某颜色的色相感表现越明显,它的纯度值就越高,反之,则越低。纯度只属于有彩色范围内的关系,纯度取决于可见光波长的单纯程度,当各种波长的光混合时,就是无纯度的白光了。在色彩中,红、橙、黄、绿、青、蓝、紫等基本色相纯度最高,在纯色颜料中加入白色或黑色饱和度就会降低,黑、白、灰色纯度等于零。

色相和纯度又称为色度。对于彩色来说,色相和纯度起主要作用,而对于消色(无彩色)来说,没有纯度和色相这两个特征,只有明度(明度)的差别。

3. 明度(Light)

有色物体单位表面所反射出光的强弱程度,称为明度。明度又称亮度。在三维颜色空间亮度垂直于色度(色相与纯度)平面。颜色的亮度可以用反射率来表示。反射率越大颜色亮度越大,反之颜色的亮度越小。对于无彩色,黑色明度为0(全吸收),白色明度为100(全反射),灰色明度在0~100之间;对于相同色度下的彩色来说情况与无彩色相同。

4. 颜色深浅与浓淡

颜色的深浅与颜色的浓淡都是三要素中的亮度的范畴。

(1)颜色的深浅,在理论上说颜色的色相是由其最大吸收波长所决定的。最大吸收波长增大,颜色就深(深色效应),最大吸收波长减小,颜色就浅(浅色效应)。它与颜色的色相直接相关。也就是说颜色的深浅是在不同色相之间进行比较。一般颜色由深至浅的顺序为:黄—橙—红—绿—青—蓝—紫。

(2)颜色的浓淡,是指相同色度吸收和反射光的多少,一般与颜料(或染料)的浓度成正比。染料浓度越大颜色就越浓;染料浓度越小颜色就越淡。这个与库—蒙深度公式 $K/S = (1-R)^2/2R = kc$ 比较一致。用于相同色度或近似色度(印染仿色的范畴)之间进行比较。

在印染仿色实践中,在描述亮度时,习惯说颜色的深浅而不习惯于说颜色的浓淡,这里的深浅包含了深浅和浓淡两层含义。比如说,色度相同的某个颜色太浅了,就是染料浓度需要加浓一些。染液的浓淡就是颜色的深浅;比如说,某蓝色不够深的话,那么加红光后颜色可能会略深(显得浓色一些);如果某红色不够浅的话,加黄光后可能颜色会变浅(显得淡色一些)。这是色相的变化带来亮度变化造成的。这在实际工作中经常碰到。

三、颜色空间

由于三要素的三个变量选择的不同,常见有用三原色代表三维的 RGB 和 CMY 颜色空间以及用三要素代表三维的孟塞尔色立体颜色空间和 CIEL*a*b* 颜色空间。

1. RGB 与 CMY 色度空间

RGB 模式即色光颜色模式,主要用于摄影和银屏显示;CMY 模式即色料颜色模式,主要用于印刷印染行业。见图1-4,图中坐标以百分数表示。RGB 模式中白的坐标(1,1,1)表示 RGB 三原光的量(光通量)都是100%。而 CMY 模式中黑的坐标(1,1,1)表示三原色的量(浓度)都是100%。空间中的任意一点(颜色)都能用其三维坐标来表示。RGB 空间模式应用于显示器等光学系统,CMY 空间模式主要应用于印染、印刷行业。

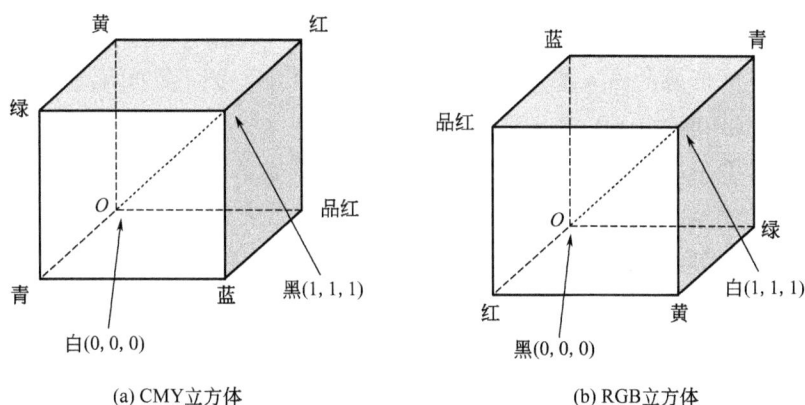

(a) CMY立方体

(b) RGB立方体

图1-4 CMY 与 RGB 立方体

在光栅图形显示器上,把每个原色(RGB)设定256(2^8)个灰度,3个原色混合又可以获得红、绿、蓝、青、品、黄、黑、白8个颜色。那么这3种原色可以组成 $2^{3\times8} = 2^{24} = 1677.7$ 万种颜色。这就是 RGB 空间的真彩色模式。三原色混合就是8位索引模式。

2. 孟塞尔色立体

孟塞尔(A. H. Munsell)色立体创立于1905年(彩图1),孟塞尔色系是基于色彩三要素并结合人的色彩视觉心理因素而制订的色彩体系。所谓颜色知觉是为了区别人对物体形状和大小判断的视觉功能,指的是单纯由于光刺激而产生的视觉特征。

例如,在标准光源照明条件下,用肉眼直接观察物体时,通过大脑的分析判断而产生的颜色视觉特征,就称之为色知觉,此时的颜色称为知觉色。知觉色是把各种颜色的样卡,按照它们的知觉属性系统地排列起来,并用不同的符号加以标记制作而成。孟塞尔表色系统,就其表色原理来讲,是一种物体表面知觉色的心理颜色的属性,即每个颜色在色相、纯度、明度组成的圆柱坐标系中对应着一点,并且在这个坐标系中的色相、明度和纯度在视觉上都是等距离的,色卡间的色差与这个颜色空间中两个颜色点之间的直线距离成比例。

孟塞尔表色系统的中心轴为黑—灰—白的明暗系列,以此作为有彩色系各颜色的明度标尺,理想白色在中心轴的上端,明度值 $V=10$,绝对黑色在下端,明度值 $V=0$,V 在0~10之间分成11个等间隔的等级,因为0和10实际上是不存在的,所以实际的图中只有1~9共9个明度等级。由中性色黑、白、灰组成的这一中心轴以 N 为标志,黑以 B 或 BL 为标志,白以 W 为标志。孟塞尔纯度是以自中心轴至表层的横向水平线表示的,处于中心轴上的无彩色纯度为 0,以渐增的等间隔均分为若干纯度等级,离中心轴越远,纯度越高。不同颜色纯度的最大值是不同的,个别最饱和颜色的纯度值可达 20。在孟塞尔表色图中,明度的间隔为 1,纯度的间隔为 2,孟塞尔色相以围绕中心轴的环形结构来表示,常称为孟塞尔色相环。

孟塞尔色相环由 5 个基本色相,即红(R)、黄(Y)、绿(G)、蓝(B)、紫(P),它们的中间色相,即黄红(YR)、绿黄(GY)、蓝绿(BG)、蓝紫(BP)、红紫(RP),共 10 个色相组成。为了对色相更详细的划分,每种色相又分为 10 个等级,总共有 100 个色相刻度,例如,红以 1R、2R……10R 表示,且以 5R 为此色的代表色。同理,5Y 为黄色的代表色,5RP 为红紫色的代表色。色相直径两端的一对色相构成余色关系,色相是按光谱色作顺时针方向排列的,前一色相中的 10 是后一色相的 0,如 10R 即为 0YR。

孟塞尔表色体系是以色相(H)、明度(V)、纯度(C)来表示的,将色相、明度、纯度按特定的顺序赋予了一定的编号。在实际应用中可以用一组孟塞尔表色系统的参数表示,其表示方法为:H-V/C,即色相-明度/纯度。例如:5R-4/14,5R 为红色,明度中等,纯度很高,所以它是一个中等深度的、非常鲜艳的红色。而 8Y-8/12,因 8Y 的色相是在 5Y(黄色)和 5GY(绿黄)之间,因此是一个带绿光的黄色,由于明度和纯度都很高,所以它是一个颜色比较浅,但很鲜艳的绿光黄色。对于无彩色的黑白系列,通常表示为 N-V,即中性色-明度值。明度值为 5 的中性色则可以表示为 N-5。严格地说,中心色纯度为 0,但在实际使用中把纯度低于 0.5 的颜色也归于中性色。为了能更准确地表示其颜色特性,常常要注明其微小的纯度和色相,这时的表示方法是 N-V/(H-C),即中性色-明度/(色相-纯度)。如 N-1.4/(4.5PB-0.3),表示一个稍带紫蓝色相的黑色,当然也可以表示为 H-V/C 的形式,即 4.5PB-1.4/0.3。

除了孟塞尔色立体外,还有奥史特瓦尔德色立体、日本色彩研究所色立体和中国 CNCS 色立体以及奥图伦格色球(彩图 2)等。

3. CIEL*a*b*色度空间

CIEL*a*b*颜色空间是由 CIEXYZ 系统通过数学转换得到的。转换公式为:

$$L^* = 116 \left(Y/Y_0 \right)^{1/3} - 16$$

$$a^* = 500 \left(X/X_0 \right)^{1/3} - 500 \left(Y/Y_0 \right)^{1/3}$$

$$b^* = 200 \left(Y/Y_0 \right)^{1/3} - 200 \left(Z/Z_0 \right)^{1/3}$$

式中 X、Y、Z 为物体的三刺激值;X$_0$、Y$_0$、Z$_0$ 分别为 CIE 标准照明体的三刺激值。L* 为明暗度,越接近 0,颜色越暗;越接近 100,颜色越亮,如图 1-5 所示。

a*、b* 为色度坐标,a* 表示红,-a* 表示绿;b* 表示黄,-b* 表示蓝。a*、b* 值确定颜色的色相,也可以用色相角 h(可以通过 a*、b* 值计算出来),相当于孟塞尔立体中的 H。C 表示原点

图 1-5 明暗度 L* 示意图

到 a^*b^* 坐标平面任意一点的距离——代表颜色的纯度,相当于孟塞尔立体中的纯度 C。L 为明度,对应孟塞尔立体中的明度 V。CIEL$^*a^*b^*$ 颜色空间示意图见彩图3。

任务二 颜色的混合

一、颜色的分类

1. 色光颜色

颜色根据其形成的原理不同,分为色光颜色和色料颜色。色光的颜色是发光物体发出的光线直接刺激人眼所产生的视觉,色料颜色是物体在光照下反射或透射的光线刺激人眼所产生的视觉。

色光的颜色取决于色光的光谱,即不同波长的光的能量分布。色光的颜色有单色光颜色和复合光颜色。如红、橙、黄、绿、青、蓝、紫表示日光中的七种波长(单色光)光的颜色。单色光混合形成复合光。

2. 色料颜色

色料为包括染料在内的只有在光照条件下显示色彩的物质。由于不同物质对光的吸收、反射、透射情况的不同,导致了自然界中的万物显示不同的颜色。尽管自然界存在千千万万的颜色,但是人们可以简单地将其分为两大类:彩色与无彩色。

彩色是指物质对可见光有选择性的吸收。彩色又分为光谱色和非光谱色。光谱色在色度学上是指由单色光所提供的纯光谱色称为光谱色。例如:红、蓝、绿和黄等色。非光谱色是由光谱色混合而得到。例如:红和紫两种光混合而得到红紫色。实际上,自然界物体的颜色大部分是非光谱色,而纯的光谱色或接近光谱颜色是比较少的。

无彩色是指物质对可见光非选择性的吸收。例如:白色、黑色和灰色等。无彩色没有色相和纯度的变化,只有明度的变化。在实际工作中,无彩色也称为黑白系列、中性色、消色等。所以颜色是彩色和无彩色的总称。

二、色光的混合

1. 色光的三原色

国际照明委员会(CIE)规定:波长为 700.0nm 的红光,波长为 546.1nm 的绿光,波长为 435.8nm 的蓝光,这三种单色光为光的三原色(或三基色)。

2. 色光的混合

色光的加法混色图如彩图4所示,由图可知,将这三原色光(三基色光)混合 :

红色(光)+绿色(光)= 黄色(光)

绿色(光)+蓝色(光)= 青色(光)

红色(光)+蓝色(光)= 品红色(光)

绿色(光)+品红色(光)(红色+蓝色)= 白色(光)

蓝色(光)+黄色(光)(红色+绿色)= 白色(光)

红色(光)+青色(光)(绿色+蓝色)= 白色(光)

红色(光)+蓝色(光)+绿色(光)= 白色(光)

色光混合后亮度增加,所以叫加法混色。视觉上觉得混合后的黄色、青色和品红色相对于混合前的红色、绿色、蓝色要浅一些。

三、色料的混合

1. 色料的三原色

色度学中将光的三原色两两相混得到的青色、品红色、黄色作为色料三原色。通常人们习惯说色料的三原色是红、黄、蓝,色光的三原色是红、绿、蓝,他们的区别就是色料三原色中有黄色而无绿色,色光三原色中有绿色而无黄色。但是色料的三原色中的红、蓝与三原光中的红、蓝尽管叫法一样但色光完全不相同。

2. 色料的减法混色

色料的减法混色图如彩图5所示,由图可知,将色料的三原色混合:

品红色+黄色=红色

青色+品红色=蓝色

黄色+青色=绿色

品红色+青色+黄色=黑色(减法原理)

黄色+蓝色(品红色+青色)=黑色

青色+红色(品红色+黄色)=黑色

品红色+绿色(黄色+青色)=黑色

色料混合后亮度降低,所以叫减法混色。视觉上觉得混合后的红色、绿色、蓝色相对于混合前的黄色、青色和品红色要深一些。

四、余色原理与补色原理

在色料混合的场合下,色料的三原色品红色 M、黄色 Y、青色 C 相互混合得到黑色,所以品红色 M 与绿色 G(黄色 Y+青色 C)相混合得到黑色。同样,黄色与蓝色(品红色 M+青色 C)混合得到黑色;青色与红色(品红色 M 与黄色 Y)混合得到黑色。那么品红色与绿色、黄色与蓝色、青色与红色都是余色关系。也就是说若两种颜色相混得到黑色,那么这两个颜色就互为余色,见图1-6。

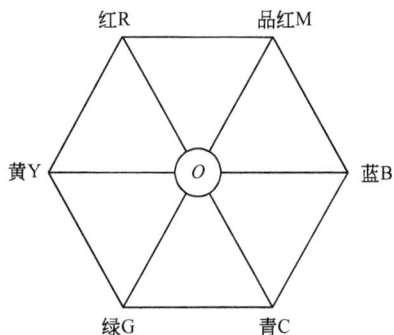

图1-6 余色、补色原理图

在色光混合的场合下,若两种有色光按一定强度的比例混合后能得到白光,那么这两种光的颜色互为补色。色光三原色(RGB)混合为补色原理,图1-6 中红光 R 与青光 C(蓝光 B+绿光 G)、蓝光 B 与黄光 Y(红光 R+绿光 G)、绿光 G 与品红 M(红光 R+蓝光 B)互为补色。色光(RGB)三原色混合得到白光,图1-4(a)中 O 点为白色,为补色原理;色料(MYC)三原色混合得到黑色,图1-4(b)中 O 点为黑色,为余色原理。色光的补色关系见表1-2。

表 1-2 光的波长、颜色及补色

光的波长（nm）	光的颜色	补色
605~780	红色	青色
595~605	橙色	绿蓝色
580~596	黄色	蓝色
560~580	黄绿色	紫色
500~560	绿色	紫红色
490~500	青色	红色
480~490	绿蓝色	橙色
435~480	蓝色	黄色
380~435	紫色	黄绿色

五、一次色、二次色、三次色

在印染仿色的实际工作中通常将三原色品红色、黄色、青色分别叫做红色、黄色、蓝色。三原色就是一次色；将一次色进行二拼时就产生了二次色；二次色与二次色之间或二次色与三原色混合就产生了三次色。

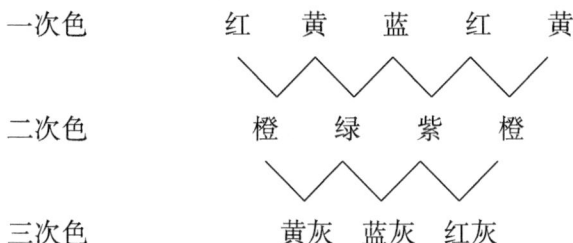

一次色	红 黄 蓝 红 黄
二次色	橙 绿 紫 橙
三次色	黄灰 蓝灰 红灰

六、涂料印花快速混色训练

为了便于快速了解色料的拼色原理和色光调整时用到的余色原理，可以将印花色浆红8118、黄8206、蓝8301用增稠剂稀释至3%，不用加黏合剂，直接将其在表面皿中用玻璃棒混合均匀，然后刮印烘干即可进行颜色的对比。

任务三 色差及其表示方法

一、色差的含义

色差是指两个颜色在颜色知觉上的差异，它包括明度差、纯度差和色相差三方面。色差就是两个颜色在色度空间的直线距离。如果能够以两点的距离表示色差，就实现了数字表达。不同的颜色空间，计算两点之间的直线距离的方法也不相同。

二、色差的量化

色差的量化有模糊量化与数字量化；模糊量化就是用色差级别（五级九档）量化。数字量化就是色差值和色差单位 NBS。1NBS 单位大约相当于视觉色差识别阈值的 5 倍。如果与孟塞尔系统中相邻两级的色差值比较,则 1NBS 单位约等于 0.1 孟塞尔明度值,0.15 孟塞尔彩度值,2.5 孟塞尔色相值(纯度为 1);孟塞尔系统相邻两个色彩的差别约为 10NBS 单位。根据 CIEL*a*b* 色差公式,总色差 ΔE 与两个色样的亮度差 ΔL、红绿色度差 Δa 和黄蓝色度差 Δb 的关系是:$\Delta E = (\Delta L^2 + \Delta a^2 + \Delta b^2)^{1/2}$

色差公式有很多种。根据习惯和色差测量的误差大小,目前使用较多的是 CIEL*a*b* 色差公式、CMC(2∶1)色差公式、JPC 79 色差公式等。常用的色差公式的色差值对照表如下:

表1-3　常用的色差公式的色差值对照表

CIE1976L*a*b* 色差	JPC 79 色差式	CMC(2∶1)色差式	中国标准ΔE_F	褪色牢度级别
总色差ΔE	总色差ΔE	总色差ΔE	总色差ΔE	
≤13.6	11.83	>11.85	≥11.60	1
≤11.6	8.37~11.82	8.41~11.85	8.20~11.59	1~2
≤8.2	5.92~8.36	5.96~8.40	5.80~8.19	2
≤5.6	4.90~5.91	4.21~5.95	4.10~5.79	2~3
≤4.1	3.01~4.89	3.06~4.20	2.95~4.09	3
≤3.0	2.14~3.00	2.16~3.05	2.10~2.94	3~4
≤2.1	1.27~2.13	1.27~2.15	1.25~2.09	4
≤1.3	0.20~1.26	0.20~1.26	0.40~1.24	4~5
≤0.4	>0.200	>0.20	>0.40	5

三、条件等色

1. 条件等色的概念

什么是条件等色?等色就是颜色一致。条件等色就是在一定条件下,颜色才一致,而在另一条件下颜色就不一致。也就是常说的“跳灯”现象。为什么会产生这种现象呢?我们知道颜色是物体反射光对人眼睛的刺激结果,按照颜色代替定律:凡是在视觉效果上相同的颜色都是等效的,便可互相代替,与它们的光谱组成无关。两种颜色的本质(分光反射率分布)本来就不同,而将这两种颜色判断为等色的现象就是条件等色,也称同色异谱。

通常物体表面色的条件等色(同色异谱)分为照明体条件等色和观察者条件等色。

(1)照明体条件等色。一对色样在不同光源下,会产生不同的色彩变化。例如:红色在红色灯光下呈现红色,在绿光灯下就是黑色;白色在什么颜色的灯光下就显示什么颜色。某中性灰 1,中性灰 2,中性灰 3,中性灰 4 在 D$_{65}$ 下等色,在 A 光源下不等色。见图1-7照明体条件等色。

(2)观察者条件等色。一个物体的颜色,不同的观察者有不同的颜色感受。包括个人生理条件的差异和视角的差异。2°和 10°视角差异、测色仪器的差异、试样大小的差异、背景颜色的差异等。

2. 条件等色的评价

在实际工作中条件等色就是指照明体条件等色,即跳灯问题。条件等色的评价也就是同色异谱程度的评价。一般从定性和定量两个方面来评价。

（1）定性评价。用两块布样的反射光谱曲线的差异来定性表示同色异谱程度。反射光谱曲线的形状差异大，同色异谱程度就大，反射光谱曲线形状相似同色异谱程度就小。反射光谱曲线相同就完全等色，没有同色异谱问题。

（2）定量评价。同色异谱程度用同色异谱指数来定量表示，同色异谱指数 M_i（Metamerism index）是指在特定的标准观察者条件和特定的光源条件发生变化后，两个原来等色的样品之间的色差

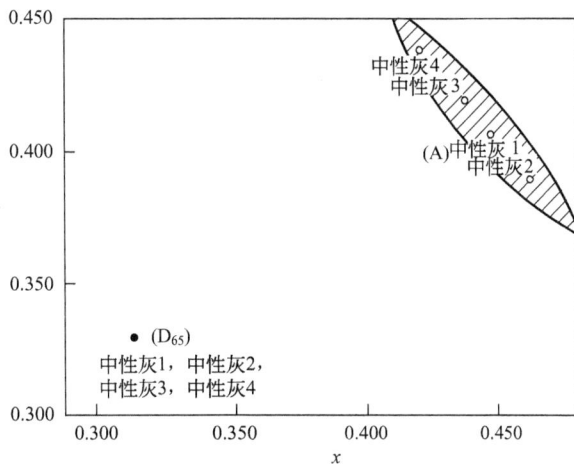

图 1-7 照明体条件等色

（DE）大小。按照 CIE 1971 年推荐的同色异谱指数的评价方法首先选定参照光源，一般为 CIE 标准光源 D_{65}，其次选择待测光源，一般为标准光源 A，然后：

①计算两个色样在参照光源 D_{65} 下的三刺激值，用 CIE1976Lab 色差公式计算色差值（$DE_{D_{65}}$）。

②如果两个色样在参照光源下无色差，则计算在待测光源下的三刺激值和色差值（DE_A），DE_A 即为同色异谱指数 M_i。

③如果两个色样在参照光源 D_{65} 下有较小的色差，那么首先要对色样进行校正后再进行同色异谱指数的计算。

3. 人工同色异谱的测量

人工进行同色异谱的定量测量就是直接目测两块布样在以上两种光源（或客户指定的主灯和辅灯）下的颜色变化即可。如果两种光源下的色差超过色差范围就不合格。一般客户指定的主灯就是参照光源，副灯就是待测光源，副灯下的色差可以比主灯下色差低半级。

项目二 人工测色

人工测色就是人眼看色，这是仿色技术必须具备的基本技能之一。只有对颜色进行客观准确的判断分析之后才能进行正确的仿色。本项目安排三个任务：人工测色的条件与方法、色差标准与评级、色差的描述。本项目的能力目标要求掌握看色的方法和色差标准并能准确进行色差评级和描述。

任务一 人工测色的条件与方法

在仪器测色中强调标准观察条件，对于人工看色同样也有一个看色条件的问题，在仿色过

程中看色就是比色——比较两块样布之间的色差。看色条件直接关系到对色差的正确判断,色差的正确判断直接关系到仿色成败。一般说来看色条件包括:标准光源(客户指定)、照射角度和距离、样布的大小和形状、样布表面结构、观察距和角度、周围环境以及看色者生理、心理状态等。

一、光源

在光与颜色的关系上,光是颜色形成的必要条件,而且光源由于光谱的能量分布不同对物体颜色产生直接的影响(同色异谱问题),因此看颜色时必须确定好光源条件。目前光源分为两大类:自然光和标准光源。

1. 自然光

自然光选择原则上要避免太阳光的直射。我国大部分地区在北回归线以北,所以采用北窗光线看色,但是我国在北回归线以南的地区在夏天注意要使用南窗光线看色。

自然光看色的时间通常采用日出后 3h 到日落前 3h,照度不小于 2000lx。实际在一天之中,自然光的光谱成分随光照方向的变化而变化,当太阳光斜射时,能量被吸收较多,长波所占比例增加,短波所占比例减少,光谱中橙红色成分偏多。反之,当太阳直射时能量被吸收较少,光谱中短波的比例增加,光就偏蓝。所以一天中太阳光的成分是不同的,呈现有偏橙红、偏白甚至偏蓝的变化。另外,在高纬度地区,太阳的颜色偏蓝;低纬度的地区,太阳光的颜色偏红;且自然光在晴天、阴天、雨天时会有差别;而且来自窗户的采光条件也不同,窗外颜色环境也不同;晚上还没有自然光可用。因此在实际生产中自然光对色仅作为参考,最后还是要在标准光源下对色。

2. 标准光源

标准光源种类繁多,常见的标准光源如表 1-4 所示:

表 1-4　常见标准光源

光源名称	色温(K)	说　明
D_{75} 光源	7500	模拟北方平均太阳光
D_{65} 光源	6500	人造日光光源,轨迹光源,应用普遍
D_{50} 光源	5000	模拟太阳光
CWF 光源	4100	冷光源,美国办公室、商店灯光
TL_{84} 光源	4000	欧亚地区办公、商店用照明
U_{35} 光源	3500	模拟商店灯光
U_{30} 光源	3000	模拟另一种美国商店灯光
Inca 灯	2856	模拟展示厅射灯
F 或 A 灯	2700	模拟家庭酒店橱窗暖色灯光
HOR 光源	2300	模拟水平日光,属检测用光
UV 光源	紫外光	用于检测荧光染料和增白剂的存在

标准光源是几种灯光同时安装在一台标准光源箱内,如 T60(5)标准型的标准光源箱包含了 D_{65}、TL84、CWF、F、UV 五种光源。

标准光源的色温是指光源发光时所呈现的颜色与一个绝对黑体被高温燃烧时所呈现的颜色一致时的燃烧温度,它的单位是开尔文(K)。色温越高光源就越偏蓝光,色温越低光源就越偏橙光,色温低就像早晚的太阳,色温高就像中午的太阳。

二、标样与试样

1. 标样的尺寸

标样的尺寸大小关系到颜色对人眼睛刺激的量,在看色时必须注意两点:首先,标样尺寸必须不小于 40mm×40mm。其次,标样和试样的大小要基本一致。

2. 标样与试样的状态

标样与试样的状态主要考虑温度、含湿率、表面纹路和绒毛状态等。一般标样是在环境温度、湿度下、经充分调温、调湿后,温度和湿度都达到了平衡。试样往往是刚刚做出来的,与标样比较,湿度低、温度高,因此需要快速调温、调湿;布面的纹路经纬向一定要一致,对于抓毛、磨毛、灯芯绒类的织物必须注意绒毛效果和绒毛的方向,这些对颜色的观察结果影响较大。

三、对色环境的颜色

对色环境包括色样背景颜色和看色的周围环境颜色两个方面。背景颜色就是承载色样的台面颜色,理论上应该是无彩色,即黑色、白色、灰色(中性色),标准灯箱的背景色是亮度 $L=20$;孟塞尔立体 N-5 的中性灰。

环境颜色是灯箱内壁的颜色。与背景颜色一致,另外,必须注意一些对环境颜色造成影响的因素:如观察者着装的颜色不要太鲜艳,最好是黑、白、灰(如白色工作服);灯箱内不要摆放杂物(特别是有颜色的杂物);标准光源箱外的照明最好用日光灯,严格来说,灯箱看色时应该关闭照明灯。

四、视距与视角

视距一般为 39~40cm,不要将头伸到灯箱里面去。视角有垂直视角和 45°视角两种。在灯箱中色样水平放置就是 45°视角观察,色样 45°放置就是垂直观察。也就是 45/0 和 0/45 两种观察条件。

在对色中不断改变标样与试样的位置,也就是改变对色视角,便于客观判断色差。

五、生理与心理状态

1. 生理的个体差异

每个人的眼睛的灵敏度总是有差别的,甚至正常人,对红或蓝的辨色仍可能有所偏差,所以不同的个体对颜色判断产生微小的差异是很正常的;且随着年龄的增大,视力的减弱或晶状体发生黄变等因素,对彩色的敏感度降低,一般对色差的判断能力变差。

2. 颜色适应现象的影响

颜色适应是指人眼在颜色刺激的作用下所造成的颜色视觉变化。如果刚刚看过前一个颜色(如绿色)后马上再看下一个颜色(如白色),则前一个颜色(绿色)的补色(品红色)会对下一个颜色(白色)产生影响——觉得白色样品是品红色。但是经过一段时间后又会渐渐恢复白色的感觉。这是因为上一个颜色(绿色)对眼睛(绿色视觉细胞)的刺激使得眼睛在短时间内不能正常地感知绿色光而造成的。因此,在看完上一个颜色后不要马上去看下一个颜色,而应该休息1~2min(因人而异,感觉所看颜色稳定为准)再看。

3. 其他原因

人的情绪和视觉疲劳都会影响看色的结果。饮酒后对颜色的判断也会产生严重的影响,所以看色前一定不要饮酒。

任务二 色差标准与评级

一、色差标准

1. GB/T 250—2008《纺织品 色牢度试验 评定变色用灰色样卡》

人工评定试样与标样之间的色差一般以GB/T 250—2008《纺织品 色牢度试验 评定变色用灰色样卡》作为参照。GB/T 250—2008《纺织品 色牢度试验 评定变色用灰色样卡》将色差分为1级、1-2级、2级、2-3级、3级、3-4级、4级、4-5级、5级,共5级9档。见图1-8。

图1-8 GB/T 250—2008《纺织品 色牢度试验 评定变色用灰色样卡》

2. 标准等级

印染产品仿色小样原样色差一般要求4-5级。印花产品相应低半级。具体要求根据客户订单要求来确定。印染棉布色差的国家标准见表1-5。

表1-5 色差标准(GB/T 411—2008《印染棉布》)

疵点名称和类别				优等品	一等品	二等品
色差(级,≥)	原样	漂色布	同类布样	4	3-4	3
			参考样	3-4	3	2-3
		花布	同类布样	3-4	3	2-3
			参考样	3	2-3	2
	左中右		漂色布	4-5	4	4
			花布	4	3-4	3
	前后			4级以上	3-4	3

二、色差的评级

人工测色就是要对试样与标样的色差进行评价。评级就是确定色差是否达到色差要求的级别。具体色差级别人工评级方法见表 1-6。

表 1-6 人工评级方法

灰卡级别	描 述	灰卡级别	描 述
1	完全不是一个颜色	3-4	有明显色差
1-2		4	有色差,可以接受
2		4-5	仔细看有色差
2-3		5	没有色差
3	非常明显	—	—

人工色差评级通过经验判断,不可避免存在人为差异,必要时可以结合计算机测色结果进行评级。见表 1-3 常用的色差公式的色差值对照表。

训练时,将不同色差的一组色样做成色差评级训练样卡,也可以用孟塞尔色棋,以及基础色样(深度样与色三角样)等。并将每一组的色差值通过计算机测色后记录备案,然后进行人工测评训练。将色差评级结果记录在表 1-7 中。

表 1-7 色差评级训练考核表

序 号	色差评级	误 差	序 号	色差评级	误 差

任务三 色差的描述

按照颜色的三要素进行色差的描述。首先描述明度;其次描述纯度(即灰度),习惯用较鲜艳或较萎暗来描述;最后描述色相(即色调),习惯用偏红、偏黄、偏蓝、偏绿来描述。色差描述可以用色三角样进行,色差描述结果记录在表 1-8 上。

表 1-8 色差描述

序 号	色差描述	误 差	序 号	色差描述	误 差

在描述色差过程中要注意:颜色三要素描述的次序、三要素之间的相互联系、影响各要素的诸多因素等。

1. 颜色亮度(L)

在标样和试样面前,很多人首先是看色相,这是不对的。根据颜色的基础知识,颜色的深度包括不同颜色深浅和相同颜色浓淡两个含义。对于印染仿色来说颜色的深浅既关系到染料的配比又关系到染料的总浓度,即颜色的色相(深浅)和染料的浓度(浓淡),所以首先应该看颜色的深度。

(1)色相的影响。色相的深浅变化是由浅至深的。如果色光偏蓝紫色,颜色就会偏深一些,如果颜色偏橙黄色,颜色就会偏浅一些。这是色相的变化带来颜色深度的变化。因此如果试样偏黄橙光的话,看上去颜色会偏浅一些,这时候不要以为试样就比标样浅;同样,如果试样偏蓝紫色,看上去颜色会偏深一些,这时候不要以为试样比标样深。这一点在相同染料浓度下66色色三角各颜色的 L 值就可以看出。即染料浓度相同,染料配比变化,颜色变化,则 L 值也发生变化。

（2）染料浓度的影响。

①染料浓度对颜色深浅的影响。染料浓度决定颜色的浓淡(习惯也叫做深浅),一般用染料的总浓度表示,浓度越高,则颜色就越深;浓度越低,则颜色深度就越浅。对于染料配比相同,染料浓度变化 L 值也会发生变化。即染料浓度增加 L 值变小,染料浓度减少 L 值变大。

②颜色深度对色相的影响。理论上说颜色的色度取决于染色配方中三原色染料的比例关系,比例关系确定后改变染料浓度其色度不会改变。但实际上由于染料的提升度不同,染料浓度的变化导致了颜色的变化;另一方面,由于人眼对光的视觉效率的变化,也会产生颜色判断上的误差。比如,不同浓度下的光谱反射曲线一致,色度值有差异。因此要根据浓度变化后,色度的变化情况来确定色度的差别。一般情况是浓度增加颜色会偏红光。

（3）评价与描述。颜色深度差别评价的尺度是颜色深度样卡和 GB/T 250—2008《纺织品色牢度试验 评定变色用灰色样卡》。后者是确定深度色差的级别,一般作颜色总色差的评级之用。前者的尺度是直接用染料浓度来定量表示。根据浓度的深度表示方法,描述是用浓度表示深度,如3%的深度或20g/L的深度。注意相同染料浓度下不同颜色的深度问题。如2%的黄色与2%的蓝色之间深度比较,这里不能考虑色相深度只有浓淡深度,也就是仅仅比较染料的浓淡即可。这在仿色中经常使用,非常重要。

描述颜色的深度差别就是说试样较标样深多少成或浅多少成(1成即10%)。也就是说试样较标样的染料总用量多多少成或少多少成。如,标样深度相当于2%,试样深度相当于2.4%。就是说试样较标样深2成(20%)。

2. 颜色的纯度（C）

在仿色中常用灰度描述颜色的纯度。灰度与纯度意思刚好相反:灰度越大纯度越低,灰度越小纯度越高。颜色的灰度就是由三原色作减法混色时产生的。两个互为余色的色料混合后产生灰色。如果灰度大,就表示减法混色产生的灰光太多。灰度不够,则颜色纯度高,色泽鲜艳,那就是说减法混色产生的灰光不够,可用余色原理增加灰度。

（1）理论上纯度由三原色中最少颜色的染料百分含量来确定的。这个百分含量越高则颜色的纯度越低。所以颜色纯度定量的表示可以用最少颜色的染料百分比来描述。

（2）定性的表示方法可以用试样颜色太暗或太鲜艳描述即可。

3. 颜色的色相（H）

因为颜色或多或少有一些灰度,所以一般在看色的时候,颜色的色相应该称为主色调。我们可以把色调按三原色和二次色定义为红、黄、蓝、橙、绿、紫六个色调。用这六个色调形成一个色相环。然后确定所看颜色在色相环中的位置来确定其色相。

试样与标样的色相差评定一般是定性描述,即根据标样在色相环的位置看试样在标样的前面还是后面即可。如标样为橙色,试样为红色,就说试样较标样偏红光;如果标样为红色,试样为橙色就说试样较标样偏橙光。

项目三 计算机测色

任务一 计算机测色原理

一、格拉斯曼(H. Grassmann)颜色混合定律

(1)人的视觉智能分辨颜色的三种变化:色相、明度、饱和度。

(2)颜色外貌相同的光,不管光谱的组成是否一样,只要视觉上是相同的颜色即视为等效。如:$A=B$、$C=D$,那么 $A+B=C+D$。也就是颜色替代定律。

根据颜色的替代定律,可以根据色光相加的方法产生或代替各种所需要的色光。三原色光以各种比例相混合,可以产生自然界中的各种色彩。著名的颜色匹配实验就是在这个定律的指导下进行的。该实验用数学公式表示为:$[C]\equiv R[R]+G[G]+B[B]$。其中$[C]$代表被匹配的颜色(实验中的光源的某一波长的颜色),$R[R]$、$G[G]$、$B[B]$分别代表混合色放入红(700.0nm)、绿(546.1nm)、蓝(435.8nm)的单位量,见图1-9。

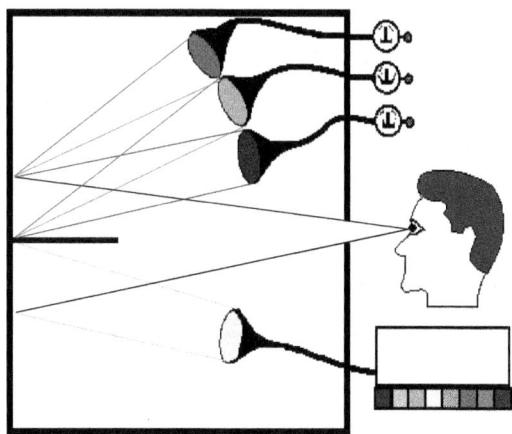

图1-9 颜色匹配实验

二、颜色三刺激值的计算

1. 光谱三刺激值曲线

莱特在三原色波长650nm(红)、530nm(黄)、460nm(蓝),2°视场的实验条件下,选择10名观察者对等能白光,从380~780nm每间隔5nm进行颜色匹配实验,吉尔德在三原色波长630nm(红)、542nm(黄)、460nm(蓝),2°视场的实验条件下,选择7名观察者对等能白光,从380~780nm每间隔5nm逐一进行颜色匹配实验。

国际照明委员会(CIE)将两人实验中的三原色转换成波长700.0nm(红)、546.1nm(黄)、435.8nm(蓝)作为标准,选若干视力正常人对等能光谱每间隔5nm逐一进行颜色匹配。并将匹配光谱实验的平均结果定出匹配等能光谱的RGB光谱三刺激值。其光谱三刺激值曲线见图1-10。

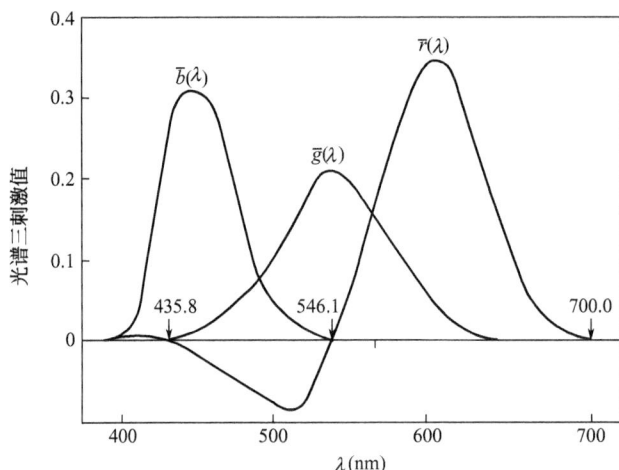

图 1-10 CIE-RGB 系统标准色度观察者光谱三刺激值曲线

其中：$r = R/K$ $g = G/K$ $b = B/K$

由于 $K = R+G+B$

故 $r+g+b = 1$

由于 CIE-RGB 颜色系统计算和表达都不方便，如是在此基础上通过适当的数学转换，建立了一个 CIE-XYZ 颜色系统。现在我们常说的颜色三刺激值就是说的 X, Y, Z 值。

需要注意的是，三刺激值曲线是等能光谱中 380~780nm 每间隔 5nm 逐一进行颜色匹配实验而获得的三刺激值 (r、g、b) 绘制的曲线。所以三刺激值曲线应该是等能光谱的三刺激值曲线。颜色三刺激值则是用三刺激值来表示某一个颜色。

2. 颜色三刺激值的计算 (图 1-11)

物体颜色的三刺激值与光源的光谱分布、等能光谱的三刺激值、物体对光源的反射率有关。

$$X = k \int S(\lambda) x(\lambda) \rho(\lambda) \mathrm{d}\lambda$$

$$Y = k \int S(\lambda) y(\lambda) \rho(\lambda) \mathrm{d}\lambda$$

$$Z = k \int S(\lambda) z(\lambda) \rho(\lambda) \mathrm{d}\lambda$$

式中：$x(\lambda)$、$y(\lambda)$、$z(\lambda)$——视场标准色度观察者等能光谱三刺激值函数；

　　　　$S(\lambda)$——标准照明体相对光谱功率分布；

　　　　$\rho(\lambda)$——物体的分光反射率函数；

　　　　k——常数。

三、仪器测色原理

1. 测色仪

测色仪是指在标准光源的照射下，对物体反射的光谱进行检测的装置。从而获得物体的分光反射率函数 $\rho(\lambda)$。等能光谱的三刺激值函数有现存的数据，标准光源的光谱函数也是现存

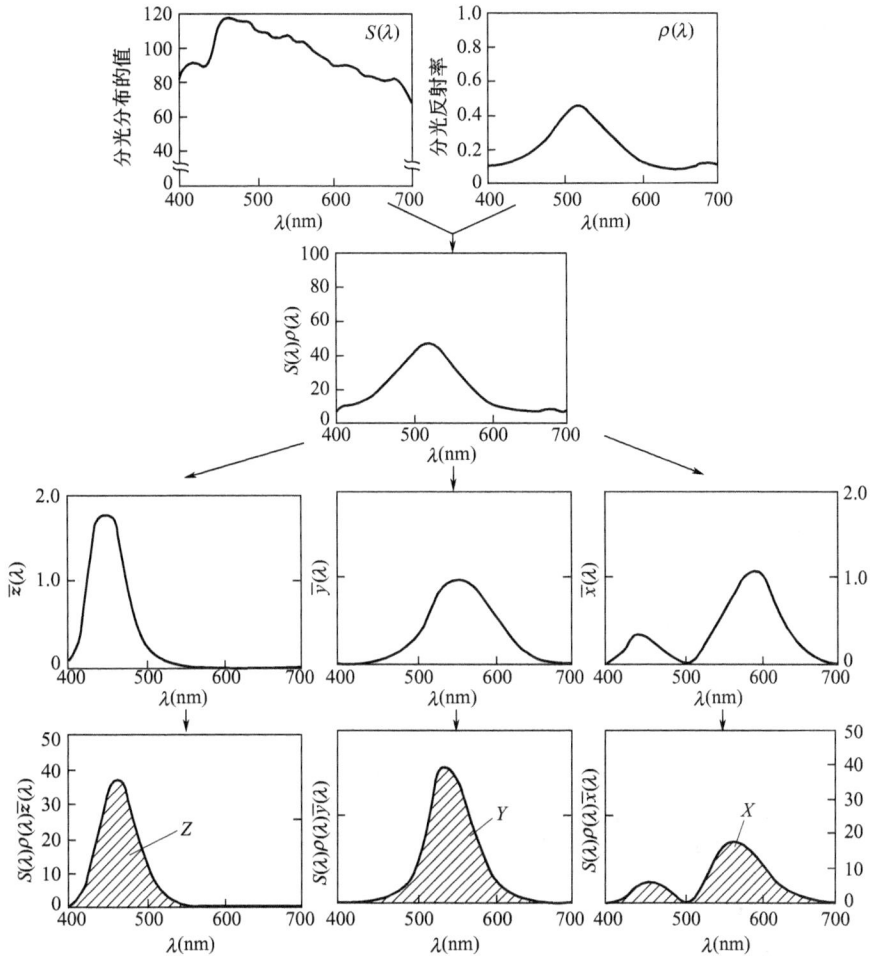

图 1-11　X、Y、Z 计算示意图（D_{65} 照明体）

的（固定的）。因此，测色仪是反射光谱检测仪。只要测得物体在某一光源下的反射函数就可以结合仪器计算机中以存储的数据计算出该颜色的三刺激值 X，Y，Z。

2. 色度值计算

根据三刺激值 X，Y，Z 可以计算出 CIEL*a*b* 色度空间众颜色的色度坐标 L^*、a^*、b^* 值。

$$L^* = 116\ (Y/Y_n)^{1/3} - 16$$
$$a^* = 500(X/X_n)^{1/3} - 500(Y/Y_n)^{1/3}$$
$$b^* = 200(Y/Y_n)^{1/3} - 200(Z/Z_n)^{1/3}$$

3. 色差计算

有了色度坐标就可以进行各种颜色参数的计算。

明度差：$\Delta L = L_{sp} - L_{std}$

色度差：$\Delta Cc = (\Delta a^2 + \Delta b^2)^{1/2}$

色相角差：$\Delta H = H_{sp} - H_{std}$

饱和度差：$\Delta Cs = (a^2 sp + b^2 sp)^{1/2} - (a^2 std + b^2 std)^{1/2}$

总色差：$\Delta E = (\Delta L^{*2} + \Delta a^{*2} + \Delta b^{*2})^{1/2} = (\Delta L^2 + \Delta C^2 + \Delta H^2)^{1/2}$

目前常用的 DE_{CMC} 就是在此基础上修正得来的,修正后的数据更加准确地反映颜色的差别以及符合人类对颜色判断的结果。

任务二 计算机测色操作

以爱色丽(X-Rite)Color-Eye 7000 Color iControl 软件操作为例,其操作步骤如下:

一、打开软件

(1)点击 Color iControl 软件图标 。

(2)点击 即显示工作界面,如图 1-12 所示。

图 1-12 Color iControl 工作界面

二、校正仪器

(1)点击 校正分光仪,显示'read black trap'。

(2)放入黑筒,然后点击 OK,显示'read white tile'。

(3)去除黑体放入白板,然后点击 OK,显示'calibration is completed'。

三、测色设置

(1)测量参数的设定:在样品名称空白处单击右键如图 1-12 所示,然后在选项中点击"内容";显示多种参数,一般软件默认标样参数为 L^*、a^*、b^*、DE_{CMC};比样参数默认 D_L、D_a、D_b、DE_{CMC},系统中含有很多参数可根据需要进行选择。

(2)测色条件选择:点击"设置"然后在"一般"和"品管"下选择。主要的选择项目有测色光源、色差公式、允差值、2°或 10°视场等。一般情况下选择 D_{65} 光源、DE_{CMC} 色差公式、允差值=1.0、10°视场。

四、测色

（1）样布的准备：待测样布一定要确认好正反面和织物的经纬向，确定比样和标准样并做好相应的标记，以免混淆。

（2）将标准样布折叠四层放入，单击 ![icon]"测量标样"，显示工作对话框，输入颜色名称，点击下一步——完成标样的测色。

（3）取出标样放入试样点击 ![icon]"测量比样"，显示工作对话框，输入颜色名称，点击下一步——完成试样的测色。如果有多个比样重复上述操作。

五、保存与打印

（1）按保存按钮，输入将要保存的文件名称然后保存。
（2）按打印按钮可直接打印文件。

任务三 测色结果的分析

X-Rite Color-Eye 7000 Color iControl 软件颜色管理界面对测色结果有三种表达形式：即颜色数据表示，反射率曲线表示，颜色色差方位图表示。颜色测色数据分析要求对应知的色度学知识进行实际的应用。测色结果见彩图6。

一、颜色的数据分析

X-Rite Color-Eye 7000 Color iControl 软件所测得颜色数据都是基于 CIEL*a*b* 色度空间的数据。常用数据的分析如下：

（1）L 值的分析：L 表示亮度，此数值越大表示物体越亮。

（2）a、b 值的分析：a 表示红绿，当 $a>0$ 时表示红，当 $a<0$ 时表示绿；b 表示黄蓝，当 $b>0$ 时表示黄，当 $b<0$ 时表示蓝。a、b 值越大表示颜色的饱和度越高，颜色越鲜艳，a、b 值越小表示颜色的饱和度越低，即颜色越暗（灰）。

（3）C 值分析：C 表示颜色的纯度。数值越大表示颜色越鲜艳，越小表示颜色越灰暗。

（4）h 值分析：h 为色相角。取值范围为 0~360°。0°（360°）、90°、180°、270°分别代表红色、黄色、绿色、蓝色。

（5）DE 值的分析：DE 为试样对标样的总色差。其中包含明度差 D_L、色度差 D_a 和 D_b。根据品质管理要求，虽然总色差 DE_{CMC} 的允差值是固定的，一般 DE 为 0.8~1.2。但是 D_L、D_a、D_b 对不同颜色会有不同的允差值。

二、反射曲线分析

（1）反射曲线下包含的面积越大表示颜色越浅，反射曲线下包含的面积越小表示颜色越深。与颜色的亮度相对应。

（2）曲线最大反射波长即为颜色的主色调。如果有两个反射波峰，则主色调为这两个波峰下的单色光的混合。与颜色的色相相对应。

（3）反射曲线越平坦代表颜色越暗（灰），反射峰越明显就表示颜色越鲜艳。与颜色的纯度相对应。

（4）可以通过反射曲线进行同色异谱的判断。当标样与比样颜色的色差在允差值范围之内，标样和比样的反射曲线互相平行（接近重合）是最为理想的；当标样和比样的反射曲线互相不平行甚至产生交叉，则说明有同色异谱问题——即跳灯问题。应该在其他光源下检测标样与比样的色差。

三、颜色色差方位图

颜色色差方位图与所使用的色差公式有关。以 DE_{CMC} 色差公式为例。

1. 色差椭圆

因为 $CMC_{(l:c)}$ 色差公式的空间允差形态是椭圆形。在方位图中椭圆的大小、形状、方位与标样颜色直接相关。对于颜色数据来说，不同的颜色总色差不变，但 D_L、D_a、D_b 的允差值各不相同。

（1）椭圆的大小。较大的椭圆分布于绿色的范围、较小的椭圆分布于橙色的区域。

（2）椭圆的形状。椭圆的形状接近圆形，那么这个颜色就比较暗，无彩色的特性比较明显。椭圆的形状较修长，其色彩的特性明显或者说纯度比较高。

（3）椭圆的方位。椭圆的长轴的指向就是颜色的主色调。如指向第一象限则主色调就是橙色、指向第二象限则主色调就是黄绿色、指向第三象限则主色调就是蓝绿色、指向第四象限则主色调就是紫色。图1-13中的标样颜色椭圆指向紫色的。

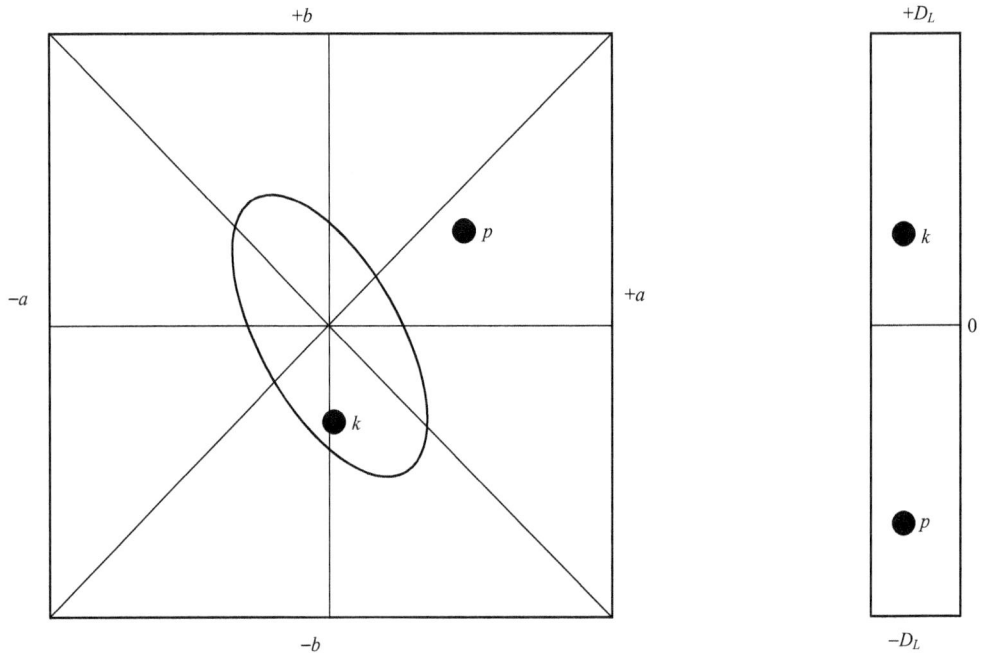

图1-13 CMC色差示意图

图中 k 点在色度图中的椭圆之内,色差在允许范围,但颜色偏蓝光,且颜色偏浅。同样,p 点色差不在允许范围之内,颜色偏深。

椭圆在 a、b 轴上的最大投影就是 D_a、D_b 的允差值。比样与标样的 D_a、D_b 比较不在椭圆的范围内即表示不合格。图上没有显示则表示色差太大,超出了方位图的范围。

椭圆的方位对于仿色过程中颜色的调整有直接的指导意义。

2. 明度差

在颜色空间中色差范围是一个椭圆。方位图中的明度差 $+D_L$ 和 $-D_L$ 其实就是色差椭圆在明度上的投影。色差椭圆的形状不同则在明度轴上的投影就不同。在 0 以下表示颜色偏深,在 0 以上就表示颜色偏浅。

项目四　来样分析

客户来样(标样)一般包括颜色样、手感样。有的客户颜色样和手感样是分开的,有的客户颜色样和手感样是一块样。尽量要求客户手感样和颜色样为同一块样,以免大货出现颜色和手感在同一块布上不能同时满足客户的要求。

来样尺寸尽量大一些,来样过小会严重影响颜色的判断。

在指定大货品种规格的情况下,来样的材质以及织物规格最好与大货一致。如果来样与大货品种规格不一致。

在按来样加工的情况下,必须对来样的品种规格进行分析,确定加工的品种规格;必须对来样上的染料进行分析,确定所用染料品种以免"跳灯"现象。

任务一　单一纤维织物的纤维鉴别

一、燃烧法

用镊子夹住一小束纤维试样的一端,将纤维试样的另一端慢慢接近火焰,稍停片刻即移开,观察并记录各类纤维试样在整个燃烧过程中所产生的现象,根据各种纤维的燃烧特征判断纤维试样所属类别,如表 1-9 所示。

表 1-9　几种常见纤维燃烧特征表

纤维名称	接近火焰	在火焰中	离开火焰后	燃烧后残渣形态	燃烧时气味
棉、黏胶纤维	不熔不缩	迅速燃烧	继续燃烧	少量灰白色的灰	烧纸味
麻、富强纤维	不熔不缩	迅速燃烧	继续燃烧	少量灰白色的灰	烧纸味
羊毛、蚕丝	收缩	逐渐燃烧	不易延烧	松脆黑灰	烧毛发臭味
涤纶	收缩熔融	先熔后燃烧,有熔液滴下	能延烧	玻璃状黑褐色硬球	特殊芳香味
锦纶	收缩熔融	先熔后燃烧,有熔液滴下	能延烧	玻璃状黑褐色硬球	烂瓜子、烂花生味

续表

纤维名称	接近火焰	在火焰中	离开火焰后	燃烧后残渣形态	燃烧时气味
腈纶	收缩、微熔发焦	熔融燃烧,有发光小火花	继续燃烧	松脆黑色硬块	有辣味
维纶	收缩、熔融	燃烧	继续燃烧	松脆黑色硬块	特殊的甜味
丙纶	缓慢收缩	熔融燃烧	继续燃烧	硬黄褐色球	轻微的沥青味
氯纶	收缩	熔融燃烧,有大量黑烟	不能延烧	松脆黑色硬块	有氯化氢臭味

二、显微镜观察法

(1)纤维纵向观察。取 10~20 根纤维试样放在载玻片上梳理平直,盖上盖玻片,并在其两对角上滴一滴甘油或蒸馏水使盖玻片粘住,然后在生物显微镜下观察纤维试样的纵向形态并描绘在纸上。

(2)横截面观察。将纤维试样在纤维切片机上切片,切片放在载玻片上,滴一滴甘油,盖上盖玻片,放置在微镜下观察其外观形态并描绘在纸上。

根据观察到的纤维试样纵向形态和横截面形态判断纤维试样的类别。

三、溶解法

分别在各试管中加入一小束纤维试样,加入溶剂 3~5mL,在规定温度下处理 5~15min,观察其溶解现象并记录其结果。再根据各种纤维的溶解性能判断纤维试样的类别,如表 1-10 所示。

表 1-10 各种纤维溶解性能表

化学品	浓度	温度	棉	苎麻	羊毛	蚕丝	黏胶纤维	醋酯纤维	锦纶	涤纶	腈纶	维纶	丙纶	氯纶
冰醋酸	浓	室温	×	×	×	×	×	√	×	×	×	×	×	×
冰醋酸	浓	煮沸	×	×	×	×	×	√	√	×	×	×	×	×
盐酸	20%	室温	×	×	×	×	×	√	√	×	×	×	×	×
硫酸	70%	室温	√	√	×	√	√	√	×	×	√	×	×	×
硫酸	浓	室温	√	√	×	√	√	√	√	√	√	√	×	×
硝酸	浓	室温	×	×	×	×	×	√	√	×	×	√	×	×
甲酸	85%	室温	×	×	×	×	×	√	√	×	×	√	×	×
次氯酸钠	约 1mol/L	室温	×	×	√	√	×	×	×	×	×	×	×	×
铜氨液	[Cu²⁺]≈1mol/L	室温	√	√	×	√	√	×	×	×	×	×	×	×
二甲基甲酰胺	浓	煮沸	×	×	×	×	×	√	×	×	√	×	×	√
间甲酚	浓	室温	×	×	×	×	×	√	√	√	×	×	×	×
间甲酚	浓	煮沸	×	×	×	×	×	√	√	√	√	×	×	×
NaOH	5%	煮沸	×	×	√	√	×	×	×	×	×	×	×	×
KSCN	65%	20~75℃	×	×	×	×	×	×	×	×	√	×	×	×
丙酮	85%	室温	×	×	×	×	×	√	×	×	×	×	×	×

注 表中"√"代表溶解,"×"代表不溶解。

四、试剂显色法

在 20g 碘、50g 碘化钾中加入 100mL 蒸馏水，充分搅拌，放置 24h 以上，使其溶解，再加入无水氯化锌 50g，配成碘—碘化钾—氯化锌显色溶液。

分别在试管中加入 3mL 显色溶液，取一小束纤维试样，用玻棒使纤维充分浸透试剂，然后取出并用清水充分洗涤，观察并记录其色泽变化，根据纤维的显色特征判断试样的类别，如表 1-11 所示。

表 1-11　各种纤维的显色特性表

纤维名称	棉	苎麻	羊毛	蚕丝	黏胶纤维	醋酯纤维	锦纶	涤纶	腈纶	维纶	丙纶	氯纶
显色反应	不上色	浅黄色	浅黄色	浅黄色	深蓝色	浅黄色	黑褐色	不上色	深棕色	浅灰色	不上色	不上色

任务二　多组分纤维织物的鉴别

一、双组分纤维混纺产品定量化学分析法

1. 棉与涤纶混纺产品的定量分析

将已烘干至恒重的试样称重后放入有塞三角烧瓶中，每克试样加入 100mL 75% 硫酸，用力搅拌，使试样浸湿，温度保持在 40~45℃，时间 30min，时时摇动，待棉纤维充分溶解后，用已知重量的玻璃抽滤器过滤，将剩余的纤维用少量同温度、同浓度的硫酸洗涤 3 次（洗时，用玻璃棒搅拌，洗后抽干），再用同温度水洗 4~5 次，用稀氨水中和两次，然后用水洗至用指示剂检查呈中性为止，每次洗后必须用真空抽吸排液，然后烘干、冷却、称重。

2. 麻与涤纶混纺产品的定量分析

分析方法与上相同，用 75% 硫酸溶解亚麻或苎麻，剩留涤纶，使两种纤维分离。

3. 黏胶纤维与棉或麻纤维混纺产品的定量分析

将已经烘干至恒重的试样，称重后迅速加入预热到 40℃ 的三角烧瓶中，每克试样加入 100mL 甲酸—氯化锌溶液（用 20g 无水氯化锌和 68g 无水甲酸，加蒸馏水至 100g）。加热到 40℃，塞紧瓶盖，摇动烧瓶，浸湿试样，在 40℃ 下保持 2.5h，每隔 45min 左右摇动一次，共摇动两次。待黏胶纤维充分溶解后，用已知重量的玻璃抽滤器过滤，将剩留的纤维用 20mL 同温度、同浓度的甲酸—氯化锌溶液洗涤 3 次，然后用同温度的水彻底清洗，保证剩余纤维在稀氨水（相对密度为 0.880 氨水 20mL，用蒸馏水稀释至 1000mL）内中和 10min，再把剩余的纤维放在稀氨水中浸泡 10min，然后用冷水洗至用指示剂检查呈中性为止，每次洗后必须用真空抽吸排液，最后烘干、冷却、称重。

4. 二醋酯纤维与棉或黏胶纤维混纺产品的定量分析

待测试样烘至恒重后称重，将试样放入有塞三角烧瓶中，每克试样加入 100mL 丙酮，塞紧瓶盖，摇动烧瓶，浸湿试样，温度保持在 (25±2)℃，时间 30min，时时摇动，待二醋酯纤维充分溶解后，用已知重量的玻璃抽滤器过滤，将剩余的纤维用少量同温度丙酮溶液洗涤 3 次，用 60~70℃ 蒸馏水洗 4~5 次，再用冷水洗几次，每次洗后必须用真空抽吸排液，最后烘干、冷却、称重。

5. 维纶与棉或黏胶纤维混纺产品的定量分析

将已烘干至恒重的试样称重后放入有塞三角烧瓶中,每克试样加入 100mL 20%盐酸。摇动烧瓶,浸湿试样,温度保持在(25±2)℃,时间 30min,时时摇动,待维纶充分溶解后,用已知重量的玻璃抽滤器过滤,将剩余的纤维用少量同温度、同浓度盐酸洗涤 3 次(洗时用玻璃棒搅拌,洗后抽干),再用同温度水洗 4～5 次,用稀氨水中和两次,然后用水洗至指示剂检查呈中性为止,每次洗后必须用真空抽吸排液,最后烘干、冷却、称重。

6. 腈纶与棉、黏胶、麻、涤纶混纺产品的定量分析

将已烘干至恒重的试样称重后放入有塞三角烧瓶中,每克试样加入 100mL 热二甲基酰胺,塞紧瓶盖,摇动烧瓶,浸湿试样,温度保持在 90～95℃,加热 1h,在此期间,用手轻轻摇动 5 次,将液体倒入已知重量的玻璃抽滤器过滤,使纤维保留在烧瓶中,再向烧瓶中加 60mL 二甲基酰胺,加热到 90～95℃,保持 30min,摇动两次。然后再把全部剩余的纤维倒入玻璃抽滤器过滤,用水洗涤数次,每次洗后必须用真空抽吸排液。

如果剩余的是涤纶,则可将其与玻璃器一起烘干、冷却、称重。

如果剩余的为棉、麻或黏胶纤维,则需用镊子把剩余纤维移到三角烧瓶中,加 160mL 水,在室温下放置 5min,时时摇动,然后倒入玻璃抽滤器过滤,再重复洗涤 3 次,每次洗后必须用真空抽吸排液,最后烘干、冷却、称重。

二、三组分纤维混纺产品定量化学分析法

取一只试样,先将其中一种纤维溶解去除。则未溶残渣为另两种纤维,经称重后,可算出第一种溶解纤维的百分数。再将残渣中的其中一种纤维溶解掉,再称出未溶解部分质量,根据溶解失重,可以算出第二种溶解纤维的百分数。

1. 羊毛、棉、黏胶纤维定量分析

将已烘干至恒重的试样称重后放入三角烧瓶中,每克试样加入 100mL 2.5%氢氧化钠溶液,在沸腾水浴中搅拌 20min,待羊毛充分溶解后,用已知重量的玻璃抽滤器过滤,将剩余的纤维用同温度、同浓度的氢氧化钠溶液洗涤 2～3 次,再用 40～50℃ 水洗 3 次,用稀乙酸溶液中和,然后水洗至用指示剂检查呈中性为止,每次洗后必须用真空抽吸排液,最后烘干、冷却、称重。

将剩余的纤维继续用甲酸—氯化锌溶液溶解黏胶纤维。剩余的为棉纤维。分别计算羊毛、黏胶纤维和棉纤维的百分含量。

2. 黏胶纤维、棉、涤纶混纺产品的定量分析

将烘干至恒重的试样称重后,先用甲酸—氯化锌溶液解黏胶纤维,剩余的纤维为棉和涤纶。称重后再用 75%硫酸溶解棉,最后剩余涤纶,称重。分别计算黏胶纤维、棉、涤纶的百分含量。

3. 腈纶、亚麻、涤纶的定量分析

将烘干至恒重的三组分样品称重后,先用 50%硫氰酸钠溶解腈纶,剩余纤维为亚麻、涤纶。称重后再用 75%硫酸溶解亚麻,剩余物为涤纶,称重分别计算腈纶、亚麻和涤纶的百分含量。

4. 腈纶、黏胶纤维、涤纶的定量分析

将烘干至恒重的三组分样品称重后,先用 90~95℃ 二甲基甲酰胺溶解腈纶,剩余物为黏胶纤维和涤纶。称重后用 75% 硫酸溶解黏胶纤维,剩余物为涤纶,称重分别计算腈纶、黏胶纤维和涤纶的百分含量。

任务三 染料的鉴别

染料的鉴别包括固体染料的鉴别和织物上染料的鉴别两方面,并以染料应用类别最为常用。

由于染料品种的多样性和性质的复杂性,使染料的鉴别工作变得比较复杂。染料鉴别是根据不同类别染料的应用性能特点进行的,如对不同纤维材料的上染性、对某些化学药剂的特征反应等。

本任务的主要目的是使学生了解染料鉴别的基本原理、方法和程序,初步掌握固体染料鉴别和织物上常用应用类别染料鉴别的基本方法。

一、固体染料鉴别

1. 单一染料与混合染料的判断

单一染料与混合染料的判断有以下几种方法:

(1)取少量将要鉴别的染料,并吹向用蒸馏水或酒精润湿过的干净滤纸上,若能观察到不同的颜色,则说明是混合染料,否则就是单一染料。

(2)将染料粉末投入装有蒸馏水的量筒,若能观察到不同的色流,说明是混合染料,若没有此现象,则为单一染料。

(3)将染料溶于烧杯中,取一条滤纸,一段浸在溶液内,另一端垂直挂起,若是混合染料,溶液将通过滤纸微孔的毛细管效应,以不同速度沿滤纸上升而形成不同色层,若无此现象,则为单一染料。

(4)在表面皿上倒一薄层浓硫酸,撒入染料粉末,使表面皿倾斜,若为混合染料,则生成的色流更明显。

以上方法只适用于由干染料粉末混合而成的水溶性染料。

如果是混合溶液经干燥后的混合染料,要将混合染料试样溶于水中,然后滴在滤纸上,此时会显出不同颜色的条纹。此法也适用于溶解度、分散度和吸附性有着明显差异的混合染料。

2. 染料应用类别的鉴别

(1)水溶性染料的鉴别。将未知染料配成溶液,用羊毛织物、单宁棉布、棉布、醋酯纤维织物分别在醋酸、无水硫酸钠、肥皂溶液中做染色试验,根据染料对织物的上色情况来判断:

①若羊毛在含醋酸染液中上色,其他纤维不上色,则可能为酸性染料或酸性媒染染料。然后再按铬原子鉴定方法检验是否有铬原子存在。

②若醋酯纤维在含肥皂溶液染料中上色,其他纤维均不上色,可初步鉴定为分散染料。然

后配成 1mL 染料溶液(0.001g 该染料,加 5mL 水,再加 1mL 乙醚),充分摇动,如染料溶于有机相而不溶于水相,则为分散染料。

③若单宁棉布与羊毛在含醋酸染液中上色,其他纤维均不上色,则初步鉴定为碱性染料。然后配成 1mL 染料溶液(配制同上)与 1mL 的 1mol/L 氢氧化钠溶液混合,加热使其颜色完全变淡,再加 4~5mL 水,冷却后加入乙醚,摇动使沉淀溶解,分离乙醚层,再加 2~3mL 30%的醋酸到乙醚层中,若立刻呈现出原来的颜色,则进一步证明是碱性染料。

④若羊毛在含醋酸染料中上色,棉布在无水硫酸钠染液中上色,其他纤维不上色,则可能为直接染料。然后将这两块染样烘干后分别平放在烧杯内,加入 96%的硫酸,若两硫酸溶液的颜色相同,则进一步证明是直接染料。

(2)不溶性染料的鉴别。若染料不能直接溶于水,也不溶于烧碱溶液,则按还原染料染色方法进行实验。若棉布上色,可能是还原染料或硫化染料。然后在酸性还原剂条件下处理染料,若放出硫化氢气体,并使醋酸铅试纸呈现黑色斑点,可判定为硫化染料。

注意事项:观察现象要细致,不应忽略任何一个细微的变化;最好用两种不同的方法鉴别,以保证结果的准确性。

二、织物上的染料鉴别

纺织纤维上染料类别的鉴别与配色、后整理条件的选择、染料结构和性能等有关,测定纤维上各个染料的结构是很困难的,若将目测法、化学法及染色法综合应用,可以提高结果的准确性。

1. 基本原理

先通过纤维鉴别和目测色泽等特征,判断染料的应用大类,然后利用化学方法,根据其特征反应来判断染料所属应用类别。

2. 操作步骤

(1)将织物进行预处理,以排除浆料或其他整理剂对实验的干扰。一般方法是用 2%淀粉酶溶液及 0.25%润湿剂在 90℃条件下处理 1min,以除去浆料,再用 1%盐酸溶液沸煮 1min,以除去树脂,然后充分水洗、干燥。

(2)利用观察、燃烧、溶解等方法鉴别织物的纤维类别,判断染料的应用大类。

(3)根据织物的纤维类别和颜色特征初步判断染料的应用类别。

(4)用适当的溶剂进行剥色试验,进一步推断织物上的染料类别。如将 0.1g 染样置于 5mL 50%二甲基甲酰胺的水溶液中,加热至沸腾,移去热源,观察溶剂着色情况;将处理过的染样置于 5mL 100%二甲基甲酰胺溶液中,重复上述操作。各种染料染色织物在二甲基甲酰胺中的剥色情况见表 1-12。

(5)根据各类染料的特征反应,选用合适的化学药剂,进一步确认染料类别。如用 10%次氯酸钠溶液作用于试样,数分钟后,硫化染料被完全破坏。在试管中加入 16%盐酸加热处理试样(重约 0.1g)0.5min 左右,冷却后加 0.005g 镁带或锌粉,置醋酸铅试纸于试管口,温热约 1min,试纸变黑或变棕,可证明是硫化染料。

　　注意事项:观察现象要细致,不应忽略任何一个细微的变化;最好用两种不同的方法鉴别,以保证结果的准确性。

表1-12　各种染料染色织物在二甲基甲酰胺中的剥色情况

50%二甲基甲酰胺溶液		100%二甲基甲酰胺	
可以剥色	全部直接染料 部分碱性染料 部分媒染染料	可以剥色	还原染料 还原染料隐色体 不溶性偶氮染料 硫化染料 部分碱性染料 部分媒染染料 颜料
不能剥色	活性染料 还原染料隐色体 不溶性偶氮染料 部分碱性染料 部分媒染染料 颜料		
		不能剥色	活性染料

模块二　染色

应知：

1. 染料助剂化工常识和染色基本理论
2. 各种印染工艺
3. 各种仿色设备仪器及其操作方法

应会：

1. 选择染料助剂和印染方法
2. 设计各种印染方法的仿色工艺
3. 按照工艺要求进行仿色操作，并达到稳定性要求

项目一　印染知识

任务一　常用染料

一、活性染料

活性染料又称反应性染料,结构中包含母体结构和活性基团两部分。广泛用于纤维素和蛋白质纤维等的染色和印花;根据活性基不同,可分单活性基团活性染料和双活性基团活性染料。单活性基团活性染料又分一氯均三嗪型、二氯均三嗪型和乙烯砜型活性染料;双活性基团染料又分为一氯均三嗪基与 β-乙烯砜硫酸酯基混合型、双一氯均三嗪型活性染料。

1. 二氯均三嗪型活性染料（X 型）

此类染料又称低温型、冷固型或普通型活性染料。主要特性为:含有两个活泼氯原子,反应性较高,而储存稳定性和染液稳定性较差,尤其在湿热条件下,极易水解而失去活性,导致染料利用率降低。染料分子结构小,匀染性好,但直接性较低,上染百分率低。

此类染料染色时,上染和固色温度一般控制在 20～30℃（或室温）为宜,上染阶段需根据染料用量加入一定量的食盐来提高染料的上染率。

2. 一氯均三嗪型活性染料（K 型）

此类染料又称高温型、热固型活性染料。主要特性为:染料结构中含有一个活泼氯原子,染料反应性低于二氯均三嗪型活性染料,需要在较高的温度和较强的碱剂条件下,才能与纤维发生共价键结合。此类染料储存稳定性和染液稳定性较好。

3. 乙烯砜型活性染料（KN 型）

此类染料又称中温型活性染料。主要特性为：染料分子结构中含有的活性基为乙烯砜基。染料的反应性介于 X 型和 K 型之间，储存稳定性好，但染料与纤维结合键耐碱性较差，生产时易产生风印。

宜采在 40~60℃下上染、60~70℃下固色。

4. 一氯均三嗪基与 β-乙烯砜硫酸酯基混合型（M 型）

此类染料属异双活性基活性染料，两活性基之间具有协同效应，同时具备两种活性基的优点。

其反应性比 K 型活性染料高，具有较高的固色率和色牢度，对工艺因素的适用范围较广。

此类染料属中温型活性染料，宜采在 40~70℃下上染，60~95℃下固色。

5. 双一氯均三嗪型活性染料（KE 型、KP 型）

属同双活性基活性染料，两活性基之间不具有协同效应。其反应性及染料与纤维结合键的稳定性均与 K 型活性染料相似，具有较高的固色率。

属高温型活性染料，工艺条件也与 K 型活性染料相似。

二、还原染料

还原染料色谱齐全，颜色鲜艳，色牢度较好。但价格较高，染色工艺复杂，对色困难，且某些浅色品种对纤维有光敏脆损作用。主要应用于纤维素纤维及其制品的染色。

染色过程可分为四个阶段，即染料的还原溶解、隐色体上染、隐色体氧化和皂洗后处理。

1. 染料的还原溶解

对于浸染，可预先进行，然后再按常规方法进行染色。而对于轧染，染料的还原、溶解及上染是在几十秒内的汽蒸过程中实现，轧染对其还原溶解条件比浸染要高。

还原染料的预先还原有干缸和全浴还原法。

干缸还原法又称小浴比还原法，是指将染料、助剂不直接加入染缸，而是在另外一个浴比较小的容器中进行还原溶解。适用于不易还原、不易聚集、高碱条件下无副反应的染料。

全浴还原法又称养缸还原法，是指将染料、助剂直接加入染缸内进行还原溶解。适用于易还原、易聚集的染料。

2. 隐色体上染

甲法：适宜分子结构较复杂，对纤维亲和力较高，易聚集，难扩散、匀染性较差的染料。

丙法：适用分子结构简单，对纤维亲和力较低，不易聚集，易扩散、匀染性较好染料。

乙法：适用染料性能介于甲法和丙法之间。

特别法：适用于难还原、且高碱条件下不易发生副反应的染料。

3. 隐色体氧化

水洗、透风法：适用于易氧化的还原染料。

氧化剂氧化法：适用于较难氧化的还原染料。

特殊法：适用于一些特殊的染料，如还原黑 BB，需要采用氧化剂次氯酸钠，才能使墨绿色转变为乌黑色。

4. 皂洗后处理

目的是去除被染物表面浮色,使其色光稳定,提高色牢度。

一般皂洗工艺处方为:

> 肥皂:3~5g/L
>
> 纯碱:2~3g/L
>
> 温度:90~95℃
>
> 时间:15~20min

三、直接染料

直接染料属阴离子型染料,而纤维素在染液中也带负电荷,因此染料与纤维带有相同电荷,不利于上染。常加入中性电解质来促进染料的上染。根据直接染料化学结构和染色性能,将其分为甲、乙、丙三类;根据染色特点和用途分为直接耐晒染料和直接混纺染料。

四、分散染料

分散染料分子结构简单、水溶性很低、相对分子质量小、极性低,染色时依靠分散剂的作用主要以微小粒子状存在于水中,以分子分散状态上染至涤纶。最适合于结构紧密的疏水性涤纶染色,也可用于醋酯纤维及聚酰胺纤维染色。染色法主要有高温高压染色法和热熔染色法两种。

1. 高温高压染色法

分散染料需在涤纶玻璃化温度以上进行染色;分散染料高温高压浸染时,温度最高可达135℃,通常控制在130℃左右;染浴 pH 值须控制在弱酸性条件下,即 pH 值为 5 左右。常采用醋酸调节,也可用磷酸氢二铵作缓冲剂。

2. 热熔染色法

热熔法染色的特点是固色快、生产效率高等。但是在得色鲜艳度、染料固着率和染后织物手感等方面不如高温高压染色法;该法主要适用于涤纶短纤织物的染色加工。它属于一种干态高温固色的染色方法,通常多用于涤纶织物的连续加工。

主要过程包括浸轧染液、红外线预烘和热风(或烘筒)烘干、高温热熔以及水洗或还原清洗等几个阶段。

五、酸性染料

酸性染料易溶于水,属阴离子型染料。特点是染色方便、色谱齐全、色泽较鲜艳,但耐洗牢度较差,染中、深色时,需进行固色处理。

主要用于蛋白质和聚酰胺纤维的染色,也可用于纸张、皮革、食品等的着色;按应用和染色性能可分为强酸性和弱酸性染料,其中弱酸性染料包括弱酸浴和中性浴染色的酸性染料。

1. 强酸性酸性染料

强酸性酸性染料是使用最早的酸性染料,匀染性很好,又被称为匀染性酸性染料;主要用于羊毛的染色。染色时,需在强酸性条件(pH=2~4)下与羊毛纤维以离子键结合上染到纤维上,通常用硫酸作酸剂。缺点是湿处理牢度很差,不易染深浓色,不耐缩绒,染色后羊毛强度有损伤,手感较差。

2. 弱酸性酸性染料

弱酸性酸性染料分子结构比强酸性染料复杂,对纤维亲和力较高,主要用于蚕丝和聚酰胺纤维的染色;染色时,需在弱酸性或中性条件下进行,依靠与纤维间形成离子键和分子间力上染到纤维上。弱酸性浴染色时,常用醋酸作酸剂;中性浴染色时,常用醋酸铵作酸剂;湿处理牢度比强酸性染料好,但匀染性不如强酸性染料;其溶解度较强酸性染料有所降低。

六、中性染料

中性染料又称中性络合染料,是一种具有特殊结构的酸性染料,又称 1：2 型酸性金属络合染料,结构复杂,各项色牢度较好,尤其耐光牢度,但匀染性较差。染色时需控制染浴接近中性,必要时可加匀染剂;其染色原理与弱酸性染料相似,常用于蛋白质纤维的染色,也可用于锦纶和维纶的染色,特别适合染深色。

七、阳离子染料

阳离子染料给色量高、属色泽浓艳水溶性染料。染色时,通常在酸性介质中进行。染腈纶日晒和皂洗牢度较高,是腈纶染色的专用染料,也可用于改性涤纶和锦纶的染色。上染腈纶时,染色温度需升至纤维的玻璃化温度以上,但染色易不匀。为改善不匀现象,必须注意两点:第一要严格控制升温速率,适当延长染色时间,或加入适当助剂。第二要选择配伍性一致的染料进行混拼。

任务二　常用印染助剂

印染加工的过程基本上是一个发生化学或物理化学变化的过程。在此过程中要使用大量的化学药剂——印染助剂。这些印染助剂在应用上分为前处理助剂、染色助剂、印花助剂、整理助剂。其中将分子结构和组成简单的称作化工原料,如酸碱盐、氧化剂、还原剂、有机溶剂等。将分子结构和组成复杂的称作化工助剂,如表面活性剂等。

一、前处理助剂

1. 渗透剂与润湿剂

理论上,润湿(Penetrating)和渗透(Wetting)是有区别的。润湿指固体表面上一种流体(通常指气体)被另一种流体(液体)取代的过程。渗透指液体迅速均匀地进入固体物质内部的现象。也就是说渗透就是沿物质垂直方向(向内部)的润湿。因此对于印染行业而言,润湿剂就是渗透剂。

润湿剂和渗透剂能促进纤维或织物的表面快速地被水润湿,并向内部渗透。渗透剂和润湿剂广泛应用于前处理,部分用于印花染色和后整理等工序。

作为渗透剂和润湿剂的表面活性剂,主要有阴离子型和非离子型表面活性剂及其复配物。

它们的分子结构与润湿、渗透的关系密切:同一系列的表面活性剂的润湿性能,随烷基碳数而变化,在某一碳数显示出最高的润湿性能,此碳数比净洗剂的碳数要小得多;同一系列相同碳数的润湿剂,支链多的效果较好;亲水基位于分子的中心位置,一般具有良好的润湿性。

在润湿剂和渗透剂的使用过程中,pH 值、温度、无机盐的浓度等对其使用效果影响巨大。例如,在强碱性染液中,不能使用带酯基的渗透剂,如渗透剂 T,因为碱能使酯基发生水解使酯键断裂;用于强酸性染液的渗透剂,不能用硫酸酯盐类表面活性剂,如十二烷基硫酸酯钠盐在强酸性条件下会分解成十二醇和硫酸;用于高温环境下的表面活性剂不能使用聚氧乙烯醚类非离子表面活性剂,因为大部分该类产品浊点低。

(1)渗透剂 JFC。

①结构或组分。$C_{7\sim9}H_{15\sim19}O(CH_2CH_2O)_5H$。

②性状及规格指标。为透明淡黄色黏稠液体,属非离子型表面活性剂,浊点为 40~50℃,水溶性好,耐强酸、强碱、次氯酸盐、硬水及重金属盐;能和阴离子型表面活性剂、阳离子型表面活性剂混合使用;具有优良的润湿、渗透及乳化能力,并有一定的净洗效果。

③用途与用法。在棉布退浆时,加入可加速和提高退浆效果;在羊毛炭化时,加入可缩短炭化时间,减少酸量,提高炭化效果。

(2)快速渗透剂 KW-2010。

①结构或组分。是烷基磺酸盐及其复配物,属阴离子或非离子型表面活性剂。

②性状及规格指标。淡黄色透明液体,易溶于冷水,对酸、碱、氧化剂和还原剂的稳定性良好;在多种温度下具有很好的渗透、分散和乳化作用;能耐 80℃以下的碱液,其低泡沫性尤其适用于工作液高速运转的加工体系。

③用途与用法。一般可用于前处理、染色、后整理,可提高加工效率。

(3)丝光渗透剂 KDM-A10。

①结构或组分。不含烷基酚聚氧乙烯醚(APEO),属阴离子型表面活性剂。

②用途与用法。适用于棉织物的丝光工艺,在浓碱条件下具有快速润湿和渗透性能,参考用量:3~6g/L。

2. 退浆剂

棉织物的退浆方法通常采用碱退浆和酶退浆,碱退浆主要用到烧碱和渗透剂,酶退浆目前主要有高温退浆酶和中温退浆酶。

(1)高温退浆酶 SUKAMy-Hi。

①结构或组分。由地衣孢芽杆菌发酵制成。

②性状及规格指标。有效 pH 值范围为 5~8,最佳 pH 值范围为 6~6.5,有效温度范围为90~100℃,最佳温度范围为 95~97℃,高温高效,使用温度可从 90~110℃,高温时几分钟内即可退浆 80%,本品的热稳定性相当好。

③用途与用法。本品适用于 J 型箱、轧蒸等多种工艺。对厚重织物,建议预水洗,加入0.5g/L 非离子型渗透剂,浸轧前轧干水分。加入酶前调节好 pH 值,对轻薄织物,酶用量应适当降低。退浆过程配合合适的表面活性剂能得到更好效果。添加量:汽蒸一般用量在 1~3g/L 即

可达到满意效果。轧液率:100%。培育时间:用苏柯汉高温淀粉酶在 90~115℃ 汽蒸 5~20min 即可。后道水洗:90~95℃,建议加入洗涤剂或少量烧碱。

(2)中温退浆酶 BF-7658。

①结构或组分。由枯草芽孢杆菌发酵制成。

②性状及规格指标。产品为浅褐色粉末,有效 pH 值范围为 5.5~7,最佳 pH 值范围为 6~6.5,pH 值在 5 以下或 8 以上失活严重;本品 60℃ 以下稳定,最适合的作用温度为 45~65℃,适合于温度不高于 70℃ 的退浆过程。

③用途与用法。淀粉酶 BF-7658 用量为 0.2% 左右,非离子表面活性剂 0.5g/L,食盐 5g/L,温度 50~75℃,20~40min。

3. 精练剂

随着印染新工艺的不断发展,常规的退浆、煮练、漂白三步法工艺已经被退煮、漂白二步法工艺或退煮漂一步法工艺取代。其中退煮漂一步法工艺具有高效、快速、低耗、优质的特点,克服了传统的退浆、煮练、漂白三步法工艺存在的使用设备多、占地面积大、生产周期长、能耗大的问题,受到了国内外印染界的普遍重视。因此目前精练剂的含义不单是煮练工序所用的助剂,而是广泛应用于退、煮、漂工序的多功能助剂。要求精练剂具有较强的润湿、渗透、乳化、分散、增溶、净洗等综合性能。

(1)精练渗透剂 KDM-A1240。

①结构或组分。属阴离子或非离子型精练剂,不含 APEO。

②用途与用法。适用于棉及其织混纺织物连续轧蒸练漂、冷轧堆工艺。渗透性优良,毛效及白度好,低泡沫。参考用量:3~6g/L。

(2)高效精练剂 KRD-1。

①结构或组分。属阴离子或非离子型精练剂。

②性状及规格指标。白色润湿性粉状,易溶于 60~70℃ 热水中。pH 值为 7~9(1% 的水溶液),活性物含量为 30%,固含量为 90%。

③用途与用法。适用于退煮漂各个工序。尤其适合于退煮合一、煮漂合一或退煮漂合一的短流程新工艺。

4. 稳定剂

氧漂稳定剂是双氧水漂白时,漂液中加入的使双氧水最大限度地分解杂质和色素而又保护纤维不受损伤的化学品。双氧水的分解受三种因素的影响:一是温度,温度提高后,双氧水的活化能随之提高,当活化能超过双氧水的分解活化能时,其分解速度加快,温度越高,则分解速度越快。二是 pH 值,双氧水在酸性条件下稳定,pH 值增高促进双氧水的分解。三是重金属离子,重金属离子对双氧水的催化分解作用极大,严重时可使布面产生破洞。

双氧水在碱性条件下的分解一般有两种方式,即异裂分解和均裂分解。

第一种:异裂分解,即为二元酸的电离。

$$HOOH \longleftrightarrow H^+ + HOO^-$$

双氧水分解产生的 HOO^- 离子为亲核试剂,能分解天然色素及木质素中的发色基团,破坏其共轭双键,达到漂白的目的。异裂分解的活化能较低,为 4~24kJ/mol,HOO^- 为漂白的主要成分。

第二种:均裂分解,即为重金属离子催化分解。均裂分解就是双氧水分解后形成了游离基,其分解的活化能极高,为 210kJ/mol,仅仅通过加热不可能提供这样高的能量的,必须加入有效的催化物。催化物就有铜、铁、锰等重金属离子。以锰离子为例,其催化反应如下:

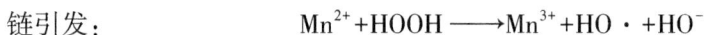

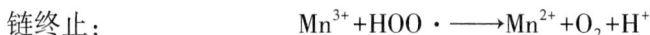

链引发: $Mn^{2+} + HOOH \longrightarrow Mn^{3+} + HO\cdot + HO^-$

链发展: $HO\cdot + HOOH \longrightarrow HOO\cdot + H_2O$

链终止: $Mn^{3+} + HOO\cdot \longrightarrow Mn^{2+} + O_2 + H^+$

催化分解产物氢氧游离基($HOO\cdot$),在高度活化时可以进攻并破坏最稳定的 C—H 键,同时产生新的游离基,从而引发连锁反应。它这种极大的破坏作用,正是使棉纤维损伤的主要原因。因此在双氧水漂白工艺中要适当控制漂白条件,使双氧水分解为 HOO^-,避免分解为 $HOO\cdot$。所以稳定剂要求对铜、铁、锰等金属离子有高效的螯合封闭作用。

螯合封闭重金属离子,按避免均裂分解的方法不同,将稳定剂分为吸附型、络合型和复合型三种。

(1)双氧水稳定剂 KDM-A36。

①结构或组分。有机与无机的螯合剂复配物,不含 APEO。

②用途与用法。棉、麻及混纺织物碱氧一浴法,冷轧堆法及连续汽蒸氧漂工艺。

参考用量:连续汽蒸用量为:40%~50%,冷轧堆和碱氧一浴用量:8~10g/L。

(2)氧漂稳定剂 TF-122。

①结构或组分。有机与无机的螯合剂复配物。

②性状及规格指标。黄色透明液体,固含量为 17%~21%,pH 值为(1%水溶液)9~11,阴离子型表面活性剂,易溶于水。

③用途与用法。适用于纤维素纤维的高温漂白工艺和冷堆法氧漂工艺。主要用于双氧水漂白中的稳定剂,可完全取代硅酸钠,能有效地控制冷轧堆氧漂工艺和高温漂白工艺中双氧水的分解速率。一般用量为双氧水的 10%~18%。

(3)氧漂稳定剂 GJ-101。

①结构或组分。多羟基类有机羧酸型的稳定剂。

②用途与用法。在强碱条件下有较好的稳定性,它特别适用于棉织物及其混纺织物的冷轧堆工艺及碱氧一浴法工艺,也可用于棉织物的双氧水常规漂白工艺,能使织物获得优良的白度,减少织物的强力损伤,不形成水垢沾污设备。

5. 络合剂(螯合剂)

络合剂能与多价金属离子结合形成可溶性金属络合物。络合剂(Complexing agent)也称为螯合剂(Chelating agent)或螯合分散剂、金属封闭剂、水质软化剂等。多功能团的络合剂在印染行业的用途越来越广,如水质软化、防止沉淀、消除染整设备结垢、防止织物氧漂破洞、保证染色鲜艳度等。

络合剂与金属离子结合只有配位键而无共价键形成的化合物称为络合物,既有配位键又有共价键所形成的络合物称为螯合物。

印染行业对络合剂的要求为：高效的络合（螯合）、分散、悬浮作用，不同 pH 值下具有良好的络合作用，强力的阻垢、化垢功能，不含表面活性剂，耐高温，相容性好，安全无毒，价格便宜。

络合剂类型与性能：

（1）磷酸盐。有三聚磷酸钠、六偏磷酸钠、焦亚磷酸钠等。这类络合剂的络合能力较弱，受 pH 值的影响较大，而且会造成水质的富营养化，因而使用受限。

（2）醇胺类。有二乙醇胺、三乙醇胺等。在碱性较稳定，常作络合辅助剂。

（3）有机磷酸盐类。有乙二胺四亚甲基膦酸盐（EDTMPS）、二乙烯三胺五亚甲基膦酸盐（DETPMPS）、氨基三亚甲基膦酸盐等。这类络合剂广泛被印染行业所使用。

（4）聚丙烯酸类。有水解聚马来酸酐（HPMA）、聚丙烯酸（PAA）、聚羟基丙烯酸、马来酸—丙烯酸共聚物及聚丙烯酰胺等。这类络合剂的络合能力很差，但多用来作阻垢剂。

二、染色化工助剂

1. 匀染剂

匀染剂是指在染色过程中，能够增强移染或延缓染色速度而获得均匀染色效果的助剂。

染色分为三个阶段：染料在溶液中被吸附列纤维表面上；染料分子从纤维表面向纤维内部扩散；染料固着在纤维上。

匀染剂根据其匀染的特性分为亲染料型和亲纤维型两种。

亲纤维型匀染剂的匀染原理是：在染色时，匀染剂和染料分子互相争夺纤维上的染座，匀染剂结构简单，先于染料分子与纤维结合，但与纤维的亲和力小于染料与纤维的亲和力，所以随着染色的进行慢慢地被染料分子取代，从而延缓了染色的速率，使染色均匀。这类匀染剂多数是阳离子型和非离子型表面活性剂。例如阳离子染料染色匀染剂就是这种类型。

亲染料型匀染剂的匀染原理是：染色时，由于匀染剂对染料有亲和力，使染料与匀染剂相结合，阻止了染料急剧地上染到纤维上，从而获得匀染效果。这类匀染剂一般是阴离子型和非离子型表面活性剂及其复配物。

（1）酸性匀染剂 KDM-B07。

①结构或组分。弱阳离子型匀染剂，不含 APEO。

②用途与用法。适用于锦纶、锦棉混纺及羊毛织物的染色，缓染、匀染性能好，可改善横挡和条花等疵病；参考用量：0.5%～2%（owf）。

（2）全环保型涤纶高温匀染剂 HD-366A。该品种为表面活性剂复配物；外观呈浅棕色透明液体，耐酸、碱、电解质，pH 值（1% 水溶液）为 6～8；具有良好的分散性、匀染性及移染性，上染率高，色光纯正，重现性好；适用于涤纶或涤棉混纺织物及丝线的分散染料高温高压染色工艺。环保型助剂，能完全被生物降解。

（3）分散染料匀染、剥色修色剂 LD。该品种为脂肪酸环氧乙烷缩合物，属非离子型表面活性剂；外观为棕色透明液体，极易溶于水，与非离子型、阴离子型、阳离子型助剂相容；在分散染料染涤纶时，具有优良的匀染、剥色作用。在快速升温下也能保持良好的匀染效果，提高了染料的选择性。在经轴染色及卷装染色中可增进染料的渗透。

（4）棉用匀染剂 DC-100。该品种是特殊阴离子型匀染剂；褐色透明液体，pH 值为 6~9；在棉、麻及其混纺织物用活性染料或直接染料染色时，能有效防止色点产生，染色均匀；筒子纱染色时可防止内外色差；能防止碱土金属离子对染色的影响；有稳定 pH 值的作用，可使染色不匀疵布得到改善和修复。

（5）匀染剂 1227。该品种为无色至淡黄色液体，主要成分为十二烷基二甲基苄基氯化铵，属阳离子型匀染剂；易溶于水，1% 水溶液的 pH 值为 6~8；耐酸及盐和硬水，但不耐碱；是阳离子染料染色的缓染剂、匀染剂和杀菌消毒剂，也可作织物的柔软剂和抗静电剂。目前主要作阳离子染料染腈纶的缓染剂。

2. 固色剂

有些染料如：直接染料、活性染料、酸性染料，染色后牢度（尤其是水洗牢度）往往达不到要求，固色剂就是染色过程中的辅助助剂，使用固色剂处理染色后的织物，可使染料与纤维之间产生化学键结合，或使染料形成不溶性化合物，从而提高染色后织物的各项牢度。

（1）酸性固色剂 KDM-B32。

①结构或组分。不含 APEO，属阴离子型固色剂。

②用途与用法。用于酸性染料染锦纶的固色，赋予织物极佳的水洗色牢度；参考用量：1~3g/L。

（2）活性染料固色剂 STR。

①结构或组分。具有多活性基的反应性交联树脂。

②形状及规格指标。本品外观为淡黄色液体，阳离子型表面活性剂，pH 值为 6（1% 水溶液），固含量为 20% 左右，冷水易溶。不含甲醛，用量低，对颜色影响非常小，也不影响手感，对提高水洗牢度、汗渍牢度效果明显。

③用途与用法。用于活性染料固色，一般用量如下：

颜　　色	吸尽法（%）	浸轧法（g/L）
浅色系	0.5~1	5~10
中色系	1~2	10~15
深色系	2~3	15~25

（3）高效固色剂 TCD-R。

①结构或组分。聚二甲基二烯丙基氯化铵。

②形状及规格指标。本品外观为无色或浅黄色液体，聚阳离子化合物，pH 值为 7~7.5（1% 水溶液），易溶于水，不可与阴离子型助剂混用。

③用途与用法。对活性染料和直接染料具有高效的固色作用，比一般固色剂用量小。经固色织物的水洗牢度、日晒牢度均有明显改善。不影响织物的色泽、手感和风格。

3. 净洗剂

净洗剂又称洗涤剂、皂洗剂等。其作用就是去除固体表面的污垢。在洗涤过程中，洗涤剂在水溶液中能降低水的表面张力,产生润湿、渗透、乳化、分散、增溶等作用,并借助于机械的搅动,使污垢从固体表面脱离下来,悬浮于水溶液中而去除。

印染行业使用的净洗剂主要是阴离子型和非离子型(在弱酸性条件下洗涤丝毛织物有时会用到阳离子型洗涤剂)。阴离子型表面活性剂常用烷基磺酸盐、烷基苯磺酸盐、脂肪醇硫酸盐;非离子型表面活性剂常用脂肪醇聚氧乙烯醚等。实际上,目前印染行业使用的净洗剂多为表面活性剂、助洗剂、螯合分散剂等多种成分复配而成。

(1)特效去油灵 TF-101。

①结构或组分。无机盐与表面活性剂的复配物。

②性状及规格指标。白色粉末,pH 值(1%水溶液)为 9~12,相对标准粉去污力比值≥1.0,发泡力≤1000mm。

③用途与用法。适用于涤纶及其混纺织物前处理去除油渍,推荐用量:2~4g/L。

(2)低温防染皂洗剂 KDM-A69。

①结构或组分。液体,不含 APEO,属阴离子或非离子型皂洗剂。

②用途与用法。用于针织物以及牛仔染色后皂洗(60℃皂洗);节约能源,缩短工艺流程,降低成本;参考用量:0.1~0.9g/L。

③用途与用法。广泛用于各类行为织物的染整加工:活性/分散染料印花后皂洗,用量:0.1~0.5g/L;分散/还原染料染色的分散剂,用量:0.1~0.5g/L;腈纶染前处理,洗涤油污,用量:0.8~1g/L;用于腈纶羊毛混纺织物高温高压一浴法染色工艺,用量:0.5%左右。

4. 其他

染色常用的化工原料有纯碱、代用碱、食盐、元明粉、醋酸、硫酸铵、保险粉、硫化钠等。

(1)食盐 $NaCl$。

①基本性质。学名氯化钠,分子式 $NaCl$;工业用食盐约含 $NaCl$ 92%~98%,所含杂质主要为氯化镁、氯化钙、硫酸钙;久置于空气中,因氯化镁、氯化钙吸水而潮解,根据食盐中氯离子特性,可以用银量法测定 $NaCl$ 含量。反应如下:

$$NaCl+AgNO_3 \longrightarrow NaNO_3+AgCl\downarrow$$

②用途与用法。主要用于活性、直接染料染色,用作促染剂。

(2)元明粉 Na_2SO_4。

①基本性质。学名硫酸钠,白色粉状或晶状;含十个分子结晶水的硫酸钠又称芒硝;工业用元明粉约含硫酸钠 92%~98%,所含杂质主要为氯化物、铁盐及硫酸钙。

②用途与用法。元明粉在印染中的用途基本同食盐。

(3)硫酸铵 $(NH_4)_2SO_4$。

①基本性质。白色或淡黄色结晶,水溶液呈酸性,吸湿后固结成块。

②用途与用法。用于弱酸性染料染锦纶的助染剂、酸性染料染羊毛的助染剂。有些酸性染料染羊毛时容易出现染色不均匀的现象,在染液中加入适量的硫酸铵即可解决,这是因为硫酸铵加热分解形成氨气和硫酸,随着染色的进行,氨气逐渐逸出,染液的酸性逐渐增强,染料的上色能力逐渐增强,从而得到匀染的色泽。

（4）保险粉 $Na_2S_2O_4$。

①基本性质。不含结晶水的保险粉呈淡黄色粉末，含两个分子结晶水时呈白色至灰白色粉末，有二氧化硫特异臭味，具有强还原性；稳定性差，遇热、光、空气、水极易分解或水解，并可能自燃，加热至 190℃ 时可发生爆炸；对眼、呼吸道和皮肤有刺激性，接触后可引起头痛、恶心和呕吐；商品保险粉中含 $Na_2S_2O_4$ 85%～95%。

②用途与用法。还原染料染色的还原剂；羊毛及蚕丝漂白剂：成本较双氧水低，但易复色，一般与氧化漂白结合使用；剥色剂：用于染色色泽严重不符或色泽不均匀，无法修复时的剥色。也用于对印染设备的剥色清洗。

（5）醋酸 HAc。

①基本性质。是有机酸中应用最广的一种；纯醋酸为无色液体，在 16℃ 以下凝结成结晶，又名冰醋酸；有强烈刺鼻的酸味、易燃性、挥发性和高度腐蚀性，对皮肤有刺痛和灼伤作用；可与水以任意比例混合，其溶液呈弱酸性；醋酸中杂质多为硫酸、盐酸、铁质及亚硫酸等；市售醋酸多为 5.8°Bé，含 CH_3COOH 30%。

②用途与用法。弱酸性染料、活性染料染蚕丝纤维的促染剂；阳离子染料助溶剂及染色的缓染剂；分散染料色光及涤纶性能的稳定剂；冰染染料显色液的抗碱剂；中和剂；还可用作多种固色剂的助溶剂。

（6）硫化碱 Na_2S。

①基本性质。呈粉粒状；通常含九个结晶水，一般含硫化钠 50%～60%；易溶于水，其水溶液呈强碱性，具有还原性及强烈腐蚀性；与酸反应产生有毒、易燃且有臭鸡蛋气味的气体硫化氢，硫化碱本身也能燃烧；Na_2S 含量在 60% 以上的硫化碱为半透明橙红色或橙黄色结晶，Na_2S 含量在 50%～58% 的硫化碱为赤褐色固体；其中的杂质主要为铁质。

②用途与用法。作为硫化染料的还原剂及溶剂。硫化碱是还原剂又有很强的碱性，使用时，用热的硫化碱将硫化染料调匀，然后加至需要量的水，搅拌加热至染料还原溶解充分。与保险粉共同作为海昌蓝染料的还原剂。

（7）纯碱 Na_2CO_3。

①基本性质。白色非结晶物，产于湖域或温泉中。纯碱在水溶液中呈碱性。

②用途与用法。纯碱主要用作活性染料染色的固色剂。

（8）代用碱。

①结构与组成。代用碱的组分大致归纳为供碱度组分、缓冲组分、分散螯合组分。供碱度组分主要是氢氧化钾或氢氧化钠，缓冲组分则有多种选择，根据所含缓冲组分的不同，可将代用碱分为：磷酸盐体系、硅酸盐体系和碳酸盐体系三大类。

a. 磷酸盐体系。主要成分为磷酸钾、磷酸二氢钠、磷酸。在碱液中加入硼酸盐、乙醇胺等可提高体系的缓冲能力，其中乙醇胺可以是单乙醇胺、二乙醇胺、三乙醇胺或是它们的混合物。

磷酸盐体系的碱液在活性染料染色中有较好的固色效果，但因富含磷，使用受到限制。

b. 硅酸盐体系。主要成分为：硅酸钾、硅酸钠、硼酸盐、螯合剂。其中螯合剂的加入是为了去除金属离子，避免其对染色产生不良影响。常用的螯合剂有乙二胺四亚甲基膦酸的钠盐、乙二胺四乙酸的钠盐、磷酸酯以及葡萄糖酸钠等。硅酸盐体系代用碱虽有较好的固色效果,但会与金属离子产生沉淀,引起设备堵塞或是在织物上形成斑点,可以通过加螯合剂缓解。

c. 碳酸盐体系。主要成分为:氢氧化钠、氢氧化钾、碳酸钾、柠檬酸盐、聚丙烯酸盐,是由无机碱和有机碱组成的混合碱。其中,柠檬酸盐和聚丙烯酸盐是溶液的结晶抑制剂,在染色过程中还起分散剂的作用。碳酸钾是将液态二氧化碳加入到氢氧化钾溶液中反应制得的。

②用途与用法。代用碱主要用来代替纯碱用于活性染料染色,其用量为纯碱用量的 1/8 ~ 1/10。目前市场上对其褒贬不一,但对于染中深色(纯碱用量 12g/L 以上)还是适用的。

三、印花化工助剂

1. 黏合剂

(1)黏合剂 SC-850。

①结构或组分。丙烯酸丁酯、丙烯腈—丙烯酰胺自交联单体等。

②性状及规格指标。带光的白色乳液,固含量为(40±2)%,pH 值为 5~6。

③用途与用法。用于织物的涂料印花,固化条件为 140~150℃,4~5min,印花品湿处理牢度好,手感较好。

(2)特软黏合剂 KDM-T13。

①结构或组分。聚丙烯酸酯系列聚合物,属阴离子型黏合剂。不含 APEO。

②用途与用法。适用于涤纶、棉及其他织物的超柔软印花;良好的交联性和成膜性能,对色光影响小,手感柔软。推荐用量:10%~20%。

(3)静电植绒转移印花黏合剂 FZ-Y。

①结构或组分。自交联型丙烯酸酯聚合物,属非离子型黏合剂。

②性状及规格指标。外观为白色荧光乳液,固含量为(40±2)%,黏度为 30~50mPa·s,可用水以任意比例稀释,稳定性好,成膜后手感柔软,可用于静电植绒转移印花。

(4)黏合剂 LT。

①结构或组分。具有反应性基团的丙烯酸酯聚合物的高分子白色乳液。

②性状及规格指标。1%水乳化液 pH 值接近中性,可以用水以任意比例稀释,属阴离子型黏合剂。固含量在 35%以上。成膜透明,手感柔软,各项坚牢度性能良好;不会产生早聚;印花色浆流动性好,不会过于黏稠;润滑性好,不会产生刮刀赖浆;不易起泡;配制成的色浆滤浆容易;拼色适应性好。

③用途与用法。黏合剂 LT 既适于低温焙烘或汽蒸工艺,也适用于高温焙烘固着工艺。刷洗牢度不低于三级。

2. 增稠剂

(1)增稠剂 PAE 丙烯酸。

①结构或组分。甲基丙烯酸高分子交联共聚铵盐与乳化剂形成的稳定白色乳液。

②性状及规格指标。固含量为(20±2)%,pH 值为 7,乳液黏度为 1000~3000mPa·s(20℃,6r/min,2 号转子)。

③用途与用法。为涂料印花增稠剂,它与聚丙烯酸酯类及聚丁二烯类的黏合剂都能配套使用,具有增稠力强,印花织物轮廓清晰,颜色鲜艳,所需邦浆 A 用量少等特点,由于是乳液,印花浆的配制简单方便,稠厚度可根据需要任意调整,在增稠能力方面超过国外 LutexalHD-70。主要用于棉、涤棉混纺织物的直接印花,还可应用于静电植绒等。

(2)增稠剂 PAS(增稠剂 820、增稠剂 HD-70)。

①结构或组分。丙烯酸、甲基丙烯酸高分子交联共聚铵盐与溶剂、乳化剂混合而成白糊状物。

②性状及规格指标。固含量为(12±3)%,pH 值为 7,黏度为 8000~12000mPa·s(20℃,6r/min,3 号转子),是涂料印花中使用一种新型助剂,它与聚丙烯酸酯类、聚丁二烯类的黏合剂都能配套使用,具有增稠效果好,印花物轮廓清晰,颜色鲜艳等特点。用于棉、涤棉混纺织物的直接印花,还可用于静电植绒等。

(3)增稠剂 ST。

①结构或组分。以丙烯酸为主体的多元高聚物。

②性状及规格指标。外观为淡黄色的黏稠液,固含量为(36±1)%,表观黏度为 1000~5000mPa·s,pH 值为 6~7。增稠效果显著,去离子水或蒸馏水中加入 2%用量,其旋转黏度不低于 30mPa·s。

③用途与用法。用于涂料印花,可与所有自交联型黏合剂配套使用,具有增稠力强,印花轮廓清晰,颜色鲜艳等特点。

四、整理化工助剂

1. 树脂整理剂

无甲醛整理剂 DPH。

①结构或组分。1,2,3,4-丁烷四羧酸(BTCA)等多羧酸化合物。

②性状及规格指标。

a. 耐氯性极佳,强降小。

b. 释放甲醛量极低,整理后的织物可满足出口要求。

c. 对染料不受限制,可避免整理后织物颜色的改变。

d. 在较短的时间内达到所需的缩水率。

e. 使用方便,可不加入催化剂,柔软剂及渗透剂也可达到较好的整理效果。用量为 100g/L。

③用途与用法。用于棉及其混纺织物的耐久压烫整理。用量:100~120g/L。

2. 柔软剂

柔软剂能降低纤维间的摩擦系数,使织物获得柔软效果的整理剂。一般为阳离子型表面活性剂。碳氢长链柔软剂整理的产品手感滑爽而丰满;有机硅柔软剂整理的产品手感滑爽,两者混用后效果会更好。

(1)软片 SD。

①结构或组分。酰胺化合物。

②性状及规格指标。淡黄色片状物,属阳离子型表面活性剂,pH 值为 3.5~5(1% 水溶液)。用冷水或温水浸泡可充分化料。

③用途与用法。软片 SD 是一种冷水可溶软片,在水中溶解性好,配成工作液后较稳定。适用于棉、麻及其混纺织物的整理。用量:10% 软片 SD 3%~5%。

（2）柔软剂 DMC-407。

①结构或组分。聚硅氧烷。

②性状及规格指标。外观为白色乳液,弱阳离子型表面活性剂,pH 值为 4.5~5.5(1% 水溶液),易分散于水中。

③用途与用法。适用于棉、麻及其混纺织物的柔软整理,能赋予织物良好的柔软、滑爽、丰满的手感和较好的亲水性能。本品对织物的色光和白度影响很小,对色牢度也无不良影响。可与非离子型、阳离子型的整理剂同浴使用,相容性好,工作液稳定,但与阴离子型整理剂混合使用时宜事先做好相容性实验。浸渍法和浸轧法均能获得满意的效果。

3. 拒水、拒油、防污整理剂

（1）防水整理剂 PF。灰白色浆状液,有刺激吡啶气味,属阳离子型整理剂;水溶液呈微酸性,耐酸、耐硬水,但不耐碱、硫酸盐、磷酸盐等无机盐,不耐 100℃ 以上高温;可与阳离子及非离子表面活性剂、合成树脂的初缩体等混用,但不能与阴离子表面活性剂或染料同浴混合使用;分子结构具有反应性基团,可与纤维起化学反应,赋予织物柔软、不污、耐久防水的效果。

（2）含氟防水整理剂 DF-3000。

①结构或组分。有机氟化合物。

②性状及规格指标。外观为半透明白色乳液,弱阳离子型整理剂,pH 值为 4~5(1% 水溶液),可用水任意比例稀释。

③用途与用法。本品适用于涤纶、锦纶等合成纤维,棉、麻等天然纤维及其混纺织物的防水和防油整理。可获得高度耐久的防水防油效果。

用量:用于涤纶、锦纶织物的防水防油整理 10~30g/L。用于棉麻织物的防水防油整理 20~50g/L。

整理条件:150℃ ,2min 或 180℃ ,30s。

（3）"三防"整理剂 KDM-C35。

①结构或组分。有机氟化合物,不含 APEO。

②用途与用法。适用于各种织物"三防"整理,赋予织物优异的耐洗性能;参考用量;棉纤维 30~50g/L,涤纶 10~30g/L,锦纶 20~40g/L。

五、印染用水

1. 水源

水源包括地表水、地下水和自来水。地表水——江、河、湖水,地表水的特点是悬浮杂质含量较高,矿物质含量较少,水质处理较容易;地下水——泉水和井水,地下水的特点是含悬浮性杂质极少,水质澄清,但矿物质含量多、硬度大,须软化后再使用;自来水,其特点是质量好,但成本高。

2. 染整用水要求

染整用水的水质要求一般包含透明度、色度(铂钴色度)、pH 值、铁、锰和固体悬浮物的含量、硬度等项目,具体见表 2-1。

表 2-1　染整用水要求

水 质 项 目	单 位	指 标
透明度	cm	>30
铂钴色度	铂钴度(PCU)	≤10
pH 值	—	7~8
铁	mg/L	≤0.1
锰	mg/L	≤0.1
固体悬浮物	mg/L	<10
硬度	mg/L	≤25(染色用水) ≤100(一般用水)

3. 水的软化方法

(1)沸煮法(去除暂时硬度)。

$$Ca(HCO_3)_2 \xrightarrow{\text{沸煮}} CaCO_3 \downarrow + H_2O + CO_2 \uparrow$$

(2)沉淀法。

$$CaSO_4 + Na_2CO_3 \longrightarrow CaCO_3 \downarrow + Na_2SO_4$$

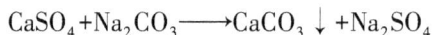

(3)络合法(如采用六偏磷酸钠)。

$$Na_4[Na_2(PO_3)_6] + Ca^{2+} \longrightarrow Na_4[Ca(PO_3)_6] + 2Na^+$$

$$Na_4[Na_2(PO_3)_6] + Mg^{2+} \longrightarrow Na_4[Mg(PO_3)_6] + 2Na^+$$

(4)离子交换法。

①使用阳离子交换树脂。阳离子交换树脂可交换水中的各种阳离子,如 Ca^{2+}、Mg^{2+} 等。其作用原理如下:

先将比较稳定的钠型树脂用酸转型为活性较高的氢型树脂:

$$R—SO_3Na + H^+ \longrightarrow R—SO_3H + Na^+$$

然后将硬水缓慢通过氢型树脂层,产生离子交换作用,使水软化:

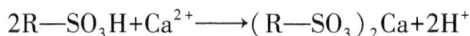

$$2R—SO_3H + Ca^{2+} \longrightarrow (R—SO_3)_2Ca + 2H^+$$

②使用阴离子交换树脂。可交换水中的各种阴离子,如 Cl^-、SO_4^{2-} 等。

首先也将比较稳定的氯型树脂用碱转型为活性较高的氢氧型树脂:

$$R—CH_2N(CH_3)Cl + OH^- \longrightarrow R—CH_2N(CH_3)_3OH + Cl^-$$

再与经阳离子软化的水或硬水缓慢接触,发生离子交换,使软水变为中性或进一步净化水质:

$$2R—CH_2N(CH_3)_3OH+SO_4^{2-}+2H^+ \longrightarrow [R—CH_2N(CH_3)_3]_2SO_4+2H_2O$$

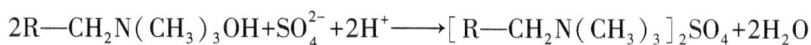

任务三　印染基础知识

一、染色方法

纺织品的染色方法分为浸染和轧染两种。其中浸染包括卷染、喷射溢流染色、气流染色、行星架染色、筒子纱染色和经轴染色等。轧染分为连续轧染和冷轧堆染色。根据企业生产设备和产品及客户要求选择适当的染色方法。染色方法与常用染料、染色工艺与染色设备情况见表2-2。

表2-2　染色方法与常用染料、染色工艺与染色设备一览表

被染品种	常用染料	染色方法	染色设备	染色工艺
棉类织物	活性染料	轧染	连续轧染机	焙固法、汽固法、冷堆法
		浸染	卷染机	恒温法、升温法、预加碱法等
		溢流	溢流染色机	恒温法、升温法、预加碱法等
	还原染料	轧染	连续轧染机	悬浮体轧染还原汽蒸法
		浸染	卷染机	甲法、乙法、丙法、特别法
	硫化染料	轧染	连续轧染机	悬浮体轧染、隐色体轧染
		浸染	卷染机	常规法、特殊法
棉织物、丝织物	直接染料	浸染	溢流染色机卷染机、行星架染色机	常规法、特殊法
腈纶织物	阳离子染料	浸染	卷染机、溢流染色机	腈纶浸染
毛织物、丝织物、锦纶织物	酸性染料、中性染料	浸染	溢流染色机卷染机、行星架染色机	浅色工艺、中深色工艺
涤纶、锦纶织物	分散染料	浸染	喷射溢流染色机	高温高压法、载体法
棉/锦织物	活性染料/酸性染料	浸染	溢流染色机、卷染机	单染法、一浴法、二浴法
	活性染料/分散染料	轧染	连续轧染机	单染法、一浴法、二浴法
涤/棉织物	分散染料/活性染料	浸染	溢流染色机、卷染机	单染法、一浴法、二浴法
	分散染料/还原染料	轧染	连续轧染机	单染法、一浴法、二浴法
腈/毛织物	阳离子染料/酸性染料	浸染	溢流染色机	单染法、一浴法、二浴法

二、染料的选择

染料选择是染色加工中的重要环节,它不仅影响染色质量,而且直接关系到生产成本及经济效益。染料类别的选择一般应依据纤维性能、颜色特征、质量要求、加工成本、设备条件、环保要求、染料配伍性等因素。同时结合生产实际来确定工艺。

1. 依据纤维性能

选择染料最基本依据是纤维的性能。对于混纺织物或交织物染色,一般有三种情况,一是同质(化学成分相同的纤维,如棉、麻)同色,选择同种染料染色时,要充分考虑各种纤维性能及染料在各纤维上的得色性能,否则容易出现色花现象;二是不同质(化学成分不同的纤维,如棉、涤纶)同色,可选择同类染料,也可选择不同类染料;三是不同质异色,不同性质纤维交织或混纺织物染色要求布面产生异色效果,关键是选择染色对象,防止对另一纤维沾色。常用纺织纤维染色所适用的染料见表2-3。

表2-3 染料类别及主要性能一览表

染料类别		主要性能	适用对象					染色牢度			
			棉、麻	丝、毛	锦纶	涤纶	腈纶	耐晒	耐洗	耐摩擦	耐汗
直接染料		溶于水,色泽较浓暗,色谱齐全,价格便宜	●	○	○			较差	较差	较好	较差
活性染料		溶于水,色泽鲜艳,色谱齐全,价格适中	●	○	○			尚好	好	好	好
还原染料		不溶于水,使用繁难,色谱不全,价格昂贵	●		○			好	好	好	好
硫化染料		不溶于水,使用繁难,色谱不全,色泽暗,价格昂贵	●					较好	较好	较好	较好
分散染料		微溶于水,色谱齐全,色泽较艳,价格较高			○	●		好	好	好	好
阳离子染料		溶于水,使用方便,色谱齐全,色泽浓艳,价格适中					●	好	好	好	好
酸性染料	强酸性染料	溶于水,使用方便,色谱齐全,价格适中		●	●			尚好	较好	较好	较好
	弱酸性染料			●	●			较好	较好	较好	较好
酸性含媒染料	酸性络合染料	溶于水,使用方便,色谱不全,色泽浓暗,价格适中		●	●			较好	较好	较好	较好
	中性络合染料			●	●			好	好	好	好
酸性媒染染料		溶于水,色谱全,色泽较暗,价格适中		●	●			较好	好	好	较好

注 ●—适用,○—可染。

2. 依据标样要求

按照内在质量和外观质量的特点,仿色小样可以代表批量生产后产品的内在质量——染色牢度的水平,但是不能代表批量生产后外观质量——色差。那就要仿色小样的工艺配方满足批量生产重现性好、前后色差控制稳定的要求。

不管牢度还是色差的要求最终都是工艺和染料的选择问题。选择符合牢度要求的染料,必须了解相关牢度的标准尤其是试验方法标准。

3. 依据工艺成本和货源

制订染色工艺,不仅要考虑产品质量要求,同时还须考虑工艺成本及货源是否充足、便利等;在企业生产中,影响成本的因素有:坯布、染料、助剂等生产原料成本,染色过程中水、电、汽等能源消耗成本、管理成本等。

选择染料基本原则:在满足标样要求的前提下,尽可能选用价格低、货源充足、能耗低、易操作、污染小的染料进行染色加工。

4. 工艺实施的基本条件

依据纤维性能、标样要求、工艺成本及货源等选定染料品种，染色工艺就基本确定。工艺设计人员在选择染料的同时，还必须根据实际生产的具体情况，充分考虑生产工艺的实施效果，如生产设备对工艺的适应性、操作人员的操作水平和技术素养，生产管理水平等，能否保证制订的生产工艺顺利执行，从而保证产品质量。

5. 染色方式

常用方式可归纳为浸染和轧染。不同染色方式，对染料性能及要求也不相同。当采用热熔法对涤纶或涤棉混纺织物进行染色时，为保证染料固着率、透芯程度和色牢度较高，应选择升华牢度较高的分散染料。而采用高温高压法染色时，可选择升华牢度较低的分散染料染色。

6. 被染物的用途

不同用途的产品，对其染色质量要求也不同。例如用来做窗帘的产品，在选择染料时，就须考虑到此织物要经常受到日光照射，染色时需选择日晒牢度较高的染料染色。如果某产品经染色后，是用来制作内衣或夏季服装用的浅色织物，在选择染料时，就须考虑到这些织物需要经常洗涤和受日光照射，染色时则应选择耐洗、耐晒、耐汗渍牢度较高染料。

三、基本概念

1. 直接性

染料的直接性是指在一定条件下，染料被纤维吸附的能力。染料直接性产生的内因是染料分子或离子与纤维之间总是存在分子间作用力（又称为范德华力，简称范氏力）、氢键或库仑力（离子键）等作用力，而这种作用力又大大超过染料分子或离子与水分子之间的作用力，故而表现为染料直接性。

直接性测定：在规定的染色条件下，测定染料的平衡上染百分率。

2. 移染性

染料的移染性是指浸染时，上染在织物某个部位上的染料，通过解吸、扩散和染液的流动，再转移到另一部位上重新上染的性能。产生移染性的内因是染料的上染是可逆的，主要影响染料在纤维的均匀分布程度。主要与染料自身结构、纤维在水中的带电状态及染色工艺条件有关。

移染性测定：通过在染色空白液中，色布对白布的沾色量计算出移染指数，判定染料的移染性能。

3. 配伍性

所谓染料的配伍性是指两只或两只以上染料进行拼混染色时，上染速率相一致的性能。配伍性是染料拼混使用时的重要性能，配伍性差的染料拼混时存在竞染现象。染色时必须选用配伍性良好的染料，以保证染色产品颜色的稳定。

配伍性测定：采用两种或两种以上的染料在同一染浴先后染色数块织物或纱线，根据染后织物的颜色深浅和色光变化来测定。

4. 亲和力

染液中染料标准化学位和纤维上染料标准化学位之差，称为染料对纤维的标准亲和力，简称亲和力。亲和力是染料从溶液向纤维转移趋势的度量;亲和力具有严格的热力学概念,在指定纤维上,它是温度和压力的函数,是染料的属性,不受其他条件的影响。

亲和力测定:常用比移值法。将纤维素制成的滤纸条垂直浸渍于染液中,30min 内染料上升高度与水线上升高度之比。

5. 染料的泳移

织物在浸轧染液以后的烘干过程中,染料随水分的移动而移动的现象称为染料的泳移。染料的泳移是轧染生产中影响染色匀染度的主要因素之一,与织物中的含水量、烘干工艺有关。在轧染生产中为防止泳移,一方面根据纤维吸湿性控制合适的轧液率;另一方面可在染液中加入适量防泳移剂,三是采取适当的烘干方式。

6. 染料的力份

染料生产厂指定染料的某一浓度作为标准(常规定其力份为 100%),其他批次生产的染料浓度与之相比较,所得相对比值的百分数即为染料的力份,又称染料强度。染料力份百分数不是指纯染料的含量。即使同一企业生产的同品种染料,因生产批次不同,染料的力份和色光也可能不一致。

染料力份测定:染料厂常用分光光度计测定。

7. 染色与上染

染色是指染料与纤维间通过物理、化学或物理化学的作用结合,或者染料在织物上形成色淀,而使纺织品获得指定色泽,且使色泽均匀而坚牢的加工过程。

上染是指染料对纤维染色的行为。

8. 上染百分率(简称上染率)

上染百分率是指染色至某一时间时,上染到纤维上的染料量占投入染浴中染料总量的百分比。染料上染百分率与染料上染纤维的亲和力大小和染色工艺有关。亲和力大的染料上染百分率高;提高染料的上染百分率,是各种染料染色工艺改进的重要目标之一。

上染百分率测定:在染料最大吸收波长处,用分光光度计分别测定染色前、后染浴吸光度,从而计算出染料上染百分率。

9. 平衡上染百分率

平衡上染百分率是指染色达到平衡时,纤维上的染料量占投入染浴中染料总量的百分比。即染色达平衡时染料的上染百分率。是指在一定染色条件下,染料可以达到的最高上染百分率。染色达平衡后,染料的上染率不再随时间变化而变化。

平衡上染百分率测定:平衡上染百分率测定同上染百分率一样,可以通过测定染色前、后染浴吸光度的方法,计算出平衡上染百分率。

10. 提升度(力)

提升度是指单位染料量提升颜色的程度。在印花过程中称作给色量——单位染料所染颜色的深度。染料不同则提升度不同,但配伍性好的染料差别会小一些;同一染料在不同浓度范围的提升度有所不同,中低浓度范围内染料的提升度较大,而接近饱和的高浓度范围,染料的提升度较低。

11. 活性染料染色特征值(S值、R值、E值、F值)

S值表示染料对纤维亲和力的大小。一般以电解质的存在下中性吸附30min的吸色率来表示;R值表示染料反应性的高低,通常以加碱10min后的固色率来表示;E值表示染料的竭染率。E值大,表示染料的吸尽率高。染深性好,染料利用率高,染色污水的污染程度小;F值表示染料的固色率。F值大小表示染料利用率的高低和染深性的好坏。

四、印染仿色工艺计算

1. 染色常用浓度的表示方法

(1)owf浓度。即质量百分浓度。是指染液中投加的染料(或助剂)质量对所染纤维(或织物)质量的百分数。浸染工艺配方中染料的浓度常用owf浓度表示。

(2)g/L浓度。即体积质量浓度。是指1L溶液中含有染料(或助剂)的质量(g),单位为g/L。因为1L水约重1000g,g/L浓度又称作千分浓度。轧染的溶液配方、浸染的助剂用量常用g/L浓度表示。

(3)mL/g稀释倍数。为计算方便,母液的浓度往往用稀释倍数表示,即1g染料稀释成溶液的体积(mL)。如将1g染料用水溶解成1000mL(即1000mL/g),那么稀释倍数为1000。

(4)浓度。即质量分数,也有体积分数,但不常见。是指溶质质量占溶液质量的百分数。印花色浆的配方和某些化工原料的浓度常常采用质量百分数浓度。例如98%硫酸、27.5%双氧水、30%烧碱、85%保险粉等。

(5)波美度(°Bé)。因为浓度与相对密度有对应关系,因此可以用某溶液的相对密度来表示其浓度。测量溶液的浓度就转变为测量溶液的相对密度。波美表(计)可以表示溶液的相对密度,在波美表上做好了相对密度与波美度的对应标记。通过各种溶液的波美度与浓度之间的关系表即可查得相应的浓度。例如36°Bé烧碱、19°Bé盐酸等。

2. 工艺计算的相关概念

(1)浴比。浴比是指浸染时所染纤维材料(织物、纱线或散纤维等)的质量与溶液体积之比。质量单位为g或kg,体积单位为mL或L。如浴比为1:20,表示的是1g(或1kg)被染物所需染液为20mL(L)。

(2)轧液率。轧液率是指浸轧后织物上所带染液的质量占浸轧前织物质量的百分数。例如,浸轧前织物重10g,浸轧后织物重17g,则轧液率 $= \dfrac{17-10}{10} \times 100\% = 70\%$。轧液率指标就反映织物的带液量,其大小决定了染液的消耗量。

3. 浸染工艺计算

(1)浸染基本配方。浸染配方所用的染料浓度为x(owf),助剂浓度为y(g/L)。同时附加染色条件:布重和浴比。

例如:活性红 RW　　　　　0.6%

　　　活性黄 RW　　　　　1.2%

　　　活性蓝 RW　　　　　0.8%

食盐	40g/L
纯碱	20g/L
浴比	1：50
布重	2g

（2）浸染配方计算。以上配方中染料的浓度（owf）通过布重和母液浓度计算染料用量（mL），计算方法就是将owf乘以转换系数：

$$母液体积(mL) = 染料浓度(owf) \times 转换系数 k$$

其中，转换系数 k = 母液稀释倍数（mL/g）×布重（g）

如果母液的稀释倍数为500mL/g，布重为2g，则 k = 500×2 = 1000。

纯碱和食盐的g/L浓度通过浴比和布重计算出食盐和纯碱的用量。计算方法是：

$$食盐(纯碱)用量(g) = \frac{食盐(纯碱)浓度(g/L) \times 布重(g) \times 浴比}{1000}$$

根据以上条件布重为2g，浴比为1：50，那么食盐（纯碱）用量计算可以简化为：

$$食盐(纯碱)用量(g) = \frac{食盐(纯碱)浓度(g/L) \times 2 \times 50}{1000}$$

以母液浓度为2g/L为例，以上配方的计算方法与结果如下：

活性红 RW	0.6%	0.6%×1000 = 6mL
活性黄 RW	1.2%	1.2%×1000 = 12mL
活性蓝 RW	0.8%	0.8%×1000 = 8mL
食盐	40g/L	40g/L×0.1L = 4g
纯碱	20g/L	20g/L×0.1L = 2g
浴比	1：50	
布重	2g	

4. 轧染工艺计算

（1）轧染基本配方。轧染配方的染料助剂皆适用g/L浓度。例如：

活性红 B-2BF	5.6g/L
活性黄 B-4RFN	2.4g/L
活性蓝 B-2GLN	7.8g/L

（2）轧染配方计算。轧染的浓度单位是g/L，染液的体积是计算轧染配方的依据。染液体积可以通过所需轧染布重（g）和染机的轧液率进行估算。将染液密度近似于水的密度（1000g/L），计算方法如下：

$$染液体积(L) = \frac{布长(m) \times 平方米克重(g/m^2) \times 布幅(m) \times 轧液率}{1000}$$

例如：某订单染色数量为1000m，查的染前布幅为1.46m，平方米克重为200g/m²那么所需

染色的织物重为 $1000×200×1.46=292×10^3g$。如果轧液率为 75%,则

$$染液体积=\frac{292×10^3×75\%}{1000}=219L$$

染液的总体积分别乘以配方中各染料浓度即可获得每只染料的用量:

活性红 B-2BF   5.6g/L×219L=1226.4g

活性黄 B-4RFN   2.4g/L×219L=525.6g

活性蓝 B-2GLN   7.8g/L×219L=1708.2g

仿色小样的染液体积一般不需要计算,是某个固定的体积。一般选择为 200~500mL。浅色体积大一些,深色体积小一些。

5. 印花工艺计算

(1)印花基本配方。印花配方一般采用质量百分浓度(%)。例如:

活性红 K-2BP	0.3%
活性橙 K-2GN	2.6%
活性蓝 KN-GL	3.8%
热水	适量
防染盐 S	1%
小苏打	2%
尿素	5%
海藻酸钠(6%)	70%
合成	100%

配方数据仿色小样的单位为克(g),大机生产为千克(kg)。

(2)印花配方计算。通过印花基本配方和实际印花色浆的量计算出配方中各组分的用量。计算方法如下:

$$组分用量(g 或 kg)=色浆总量(g 或 kg)×组分的浓度$$

色浆总量根据色浆颜色在花型中所占面积的大小和印制数量决定,印花仿色小样色浆总量一般规定为 200~500g。

以色浆总量为 200g 为例,以上印花配方的计算结果如下:

活性红 K-2BP   0.3%×200g=0.6g

活性橙 K-2GN   2.6%×200g=5.2g

活性蓝 KN-GL   3.8%×200g=7.6g

热水   适量

防染盐 S   1% × 200g=2g

小苏打   2% × 200g=4g

尿素	5% × 200g = 10g
海藻酸钠(6%)	70% × 200g = 140g
合成	100% 200g

6. 浓度的换算

(1) 染料力份的换算。配方中的染料力份发生了变化,计算方法如下:

$$新力份染料浓度 = \frac{原力份染料浓度 \times 原染料力份}{新染料的力份}$$

例如:原染料力份为 200%,如果用 150% 力份的新染料代替,那么所需 150% 力份的染料浓度的计算结果如下(假设 200% 的染料浓度为 3%):

$$新染料浓度 = \frac{3\% \times 200\%}{150\%} = 4\%$$

(2) 烧碱浓度的换算。在实际工作中,我们遇到的烧碱有固体和液体两种。固体烧碱含量一般为 96% 以上,液态烧碱浓度一般为 36°Bé,如果基本配方中的烧碱浓度为 g/L 浓度,但已知液态烧碱浓度为 36°Bé,这两者的换算就要查烧碱浓度对照表(36°Bé 烧碱相当于 400g/L)。

例如:基本配方中烧碱的浓度为 25g/L,要配置 200mL,需要 36°Bé 的烧碱用量的计算方法如下:

①计算 200mL 浓度为 25g/L 的烧碱溶液中的烧碱含量:25g/L×200mL÷1000 = 5g。

②计算出含有 5g 烧碱的 36°Bé 烧碱溶液的量:5g÷400g/L×1000 = 12.5mL。

③将 36°Bé 的烧碱 12.5mL 加水稀释至 200mL 即可。

相反,若已知基本配方中的烧碱浓度为波美浓度,要换算成 g/L 浓度,其计算方法相同。

项目二　印染仿色基本工艺

纺织品的仿色方法有印花法、浸染法和轧染法三种。对于纱线或针织品和利用卷染机染色的机织物一般都采用浸染的方法;一般批量大的机织物采用连续轧染,批量小的机织物采用卷染的方法;针织物一般采用平网印花,机织物一般采用圆网印花。

任务一　浸染仿色基本工艺

浸染工艺设计包括染色小样的质量、染色的浴比、染料品种与浓度、助剂品种与浓度、工艺流程与条件等的设计。

一、小样质量与浴比的设计

为了缩小大样与小样之间的色差,应该尽量保持仿色小样浴比与大样生产时的浴比一致,最好相同,但目前的仿色设备无法满足这一要求。如现在的小样设备浴比最低只能做到1：20,但大机生产时的卷染机浴比为1：(3~5),溢流喷射染色机浴比为1：(12~15)。

浴比对仿色结果的影响一般是浴比越小颜色越深,浴比越大颜色越浅,如表2-4所示。

从上表可以看出:浴比越大得色越浅,浴比对浅色的影响更大,浴比的变化对不同染料的影响有差异。常用小样仿色的浴比与小样质量见表2-5。

表2-4　染色浴比对染色结果的影响

染料及染料浓度(%) / 染色深度(%) / 染色浴比	活性黄 M-3RE		活性红 M-2BE		活性蓝 M-2GE		活性艳蓝 KN-R	
	0.25	3	0.25	3	0.25	3	0.25	3
1：30	100	100	100	100	100	100	100	100
1：60	92.47	97.49	83.01	86.86	94.01	97.57	88.30	89.81

注　浅色:染料0.25%,食盐30g/L,纯碱15g/L;深色:染料3%,食盐50g/L,纯碱20g/L。

表2-5　常用小样仿色的浴比与小样质量

染料类别	加工材料	大机生产浴比	仿色浴比	小样质量(g)
活性染料	棉织物	绳状1：(10~15),卷染1：(2~3)	1：30	4
还原染料	棉织物	绳状1：(10~15),卷染1：(3~5)	1：30	4
直接染料	黏胶纤维织物	绳状1：(10~15),卷染1：(2~3)	1：30	4
分散染料	涤纶织物	绳状1：(10~15),卷染1：(1~3)	1：20	5
弱酸性染料	蚕丝织物	绳状1：20,卷染1：(3~5)	1：30	3
强酸性染料	羊毛织物	绳状1：(10~15)	1：30	3
中性染料	锦纶织物	绳状1：(10~15),卷染1：(3~5)	1：30	4
阳离子染料	腈纶织物	绳状1：(10~15)	1：30	4

二、染色配方的设计

染料配方的设计包括染料和助剂的品种选择、染料助剂的浓度设计。染料品种选择根据所染织物品种以及客户对产品牢度要求确定。助剂品种则根据染料品种的染色要求确定,如染色的 pH 值要求、促染要求、缓染要求、固色要求等。当染料、助剂品种确定后,助剂浓度根据染料浓度来进行设计。一般将染料的浓度划分为深、中、浅三个浓度范围。如浅色≤0.5%,中色0.5%~3%,深色≥3%。根据染料浓度确定各助剂的使用量。

三、工艺流程与工艺条件的设计

对于特定的织物品种和选定的染料品种及其染色设备,其工艺流程基本是确定的,且一般情况下是不变的。工艺条件包括入染温度、升温速率、染色时间、助剂加入时间、染后水洗等。

本项目主要研究活性染料、酸性染料、阳离子染料、分散染料等的浸染工艺流程与条件。

四、活性染料浸染仿色工艺

1. 活性染料浸染方法

活性染料的浸染一般选择中温型染料。其浸染仿色打样的方法有快速恒温法、升温法、变温法、预加碱法、二段法、高温法等多种。仿色打样常用的方法是快速恒温法和升温法。各种浸染方法特点如表2-6所示。

2. 染色基本工艺配方及工艺条件

染色基本配方主要是按照染色深度分别规定染料、盐、碱的浓度。其中染料浓度是对织物重浓度,盐、碱浓度单位为g/L。工艺条件包括上染温度和时间及固色温度和时间,活性染料浸染基本工艺如表2-7所示。

表2-6 活性染料浸染方法一览表

浸染方法	适用场合	特 点
快速恒温法	染色小样	操作简单、快速,但与打样条件有误差
升温法	亲和力较高的染料	操作简单,适应性广
变温法或降温固色法	匀染性差的颜色	颜色较为均匀,有降温过程,操作复杂
预加碱法	亲和力低的染料	解决了固色初期的骤染问题
二段法	部分活性黑染料	分两次吸色固色专为特点染料设计的
高温法	活性翠蓝、活性嫩黄	始染和上染温度高,碱性吸色,利于匀染

表2-7 活性染料浸染基本工艺

	染料(%,owf)	≤0.5	0.5~1	1~2	2~3	3~4	>4	
工艺配方	食盐(g/L)	20	20~30	30~40	40~45	45~50	60~70	
	纯碱(g/L)	10	10~13	13~15	15~20	20	20	
浸染方法		恒温法	升温法	变温法	预加碱法	二段法	高温法	
工艺条件	吸色	入染温度(℃)	60	室温	室温	50~60	室温	50~60
		上染温度(℃)	60~65	60~65	80~90	60~65	40,60	80
		上染时间(min)	30	30	30~40	30	20,30	30
	固色	固色温度(℃)	60~65	65~65	60~65	60~65	60~65	80
		固色时间(min)	30~45	30~45	30~45	30~45	20,40	30~45
	布重(g)	2~5						
	浴比	1:(30~50)						
皂洗	洗涤剂(g/L)	2~3						
	温度(℃)	95~98						
	时间(min)	5						
	浴比	1:50						

注 仿色的工艺配方中染料浓度与盐碱的浓度一般应该与大机染色工艺保持一致。

3. 染色曲线

(1)恒温法。

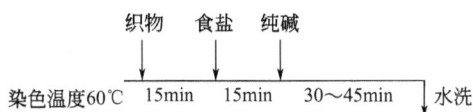

(2)升温法。

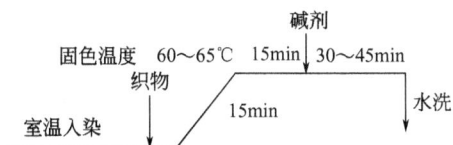

(3)变温法。

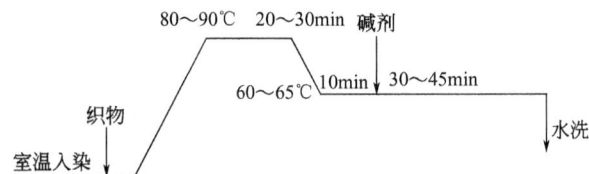

(4)预加碱法。

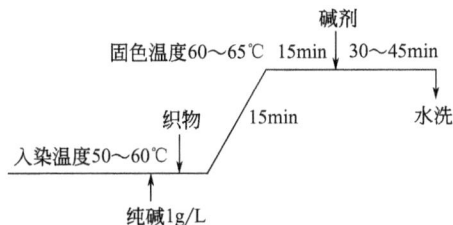

(5)二段法。

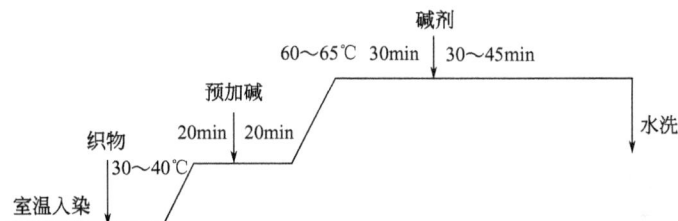

(6)高温法。

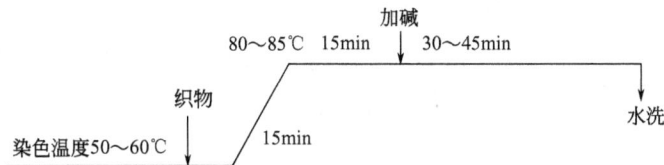

4. 操作说明

(1)仿色小样的打样工艺除特别颜色外一般选择中温型染料和恒温法工艺。对于小样机染色,为了方便快捷,同时也为了避免染色过程中加料造成温度时间等工艺参数的波动,采取恒温快速工艺。其工艺曲线如下：

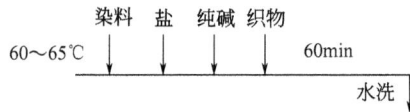

（2）织物入染前一定要在入染温度下的水中润湿后挤干，保证染色均匀。

（3）配制染液之前一定要制订出染色配方，保证操作准确，避免产生错误操作。活性染料浸染法推荐染色配方如表2-8所示。

表2-8 活性染料浸染法推荐染色配方

染色基本条件	浴比1∶50，布重2g/块，染料母液1∶500			
染料浓度(%,owf)	≤0.1	0.1~0.5	0.5~1.0	1.0~2.0
母液体积(mL)	≤1.0	1.0~5.0	5.0~10	10~20
移液管选用(mL)	1	2,5	10	15,20,25
食盐(g/L)	5	10	15	20~40
食盐称量(g)	0.5	1.0	1.5	2.0~4.0
纯碱(g/L)	10	12	15	20
纯碱称量(g)	1.0	1.2	1.5	2.0
染色体积(mL)	100	100	100	100
补加水的体积(mL)	99	99~95	95~90	90~80

注 当染料浓度≤0.05%时，应将母液再冲淡10倍后取样，下同。

（4）如果采用中途加入盐、碱的操作，注意加入盐、碱时要将正在染色的织物取出，待染液中的盐碱充分溶解后重新放入织物。

（5）染液的配制注意体积的控制。一般盐、碱不计算体积，那么总体积为染料母液的体积与水量之和。

五、酸性染料浸染仿色工艺设计

1. 强酸性染料染羊毛

（1）染液的基本配方与操作步骤。染液的基本配方与操作步骤如表2-9所示。

表2-9 染液的基本配方与操作步骤

染色基本条件	浴比1∶50，布重2g/块，染料母液1∶500，硫酸10g/L，元明粉20g/L			
染料浓度(%,owf)	≤0.1	0.1~0.5	0.5~1.0	1.0~2.0
母液体积(mL)	≤1.0	1.0~5.0	5.0~10	10~20
移液管选用(mL)	1	2,5	10	15,20,25
98%硫酸(%,owf)	2	2	3	4
硫酸母液(mL)	4	4	6	8

续表

染色基本条件	浴比1:50,布重2g/块,染料母液1:500,硫酸10g/L,元明粉20g/L			
元明粉(%,owf)	5	5	10	10
元明粉母液(mL)	5	5	10	10
染色体积(mL)	100	100	100	100
补加水的体积(mL)	90	90~86	79~74	72~62

(2)染色操作。

①吸取染料母液、元明粉母液于染杯中,加入规定量的水并混匀,染液加温至30℃。

②将羊毛样用30℃温水润湿,然后加入到染液中入染。

③在30min内升温至95~98℃。

④取出小样,加入规定量的硫酸母液,搅拌均匀后重新放入染色小样染色30min。

⑤取出小样,用冷水充分洗涤后烘干贴样。

(3)染色曲线。

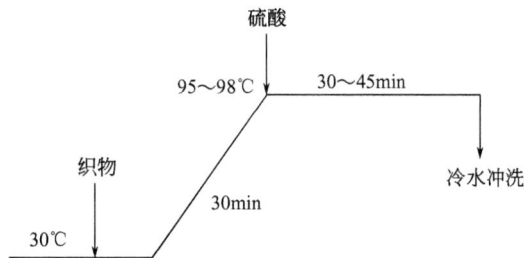

2. 弱酸性染料染真丝

(1)染液的基本配方与操作步骤。染液的基本配方与操作步骤如表2-10所示。

表2-10 染液的基本配方与操作步骤

染色基本条件	浴比1:50,布重2g/块,染料母液1:500,平平加O母液10g/L,冰醋酸母液10mL/L,pH=4~4.5			
染料浓度(%,owf)	≤0.1	0.1~0.5	0.5~1.0	1.0~2.0
母液体积(mL)	≤1.0	1.0~5.0	5.0~10	10~20
移液管选用(mL)	1	2,5	10	15,20,25
冰醋酸(mL/L)	0.5	0.5	0.5	0.5
冰醋酸母液(mL)	5	5	5	5
食盐(g/L)	不加	不加	2	5
食盐称量(g)	0	0	0.2	0.5
平平加O(g/L)	0.5	0.5	0.33	0.25
平平加O母液(mL)	5	5	3.3	2.5
染色体积(mL)	100	100	100	100
补加水的体积(mL)	89	89~85	86.7~81.7	82.5~72.5

（2）染色操作。

①称量食盐、吸取冰醋酸母液、染料母液于染杯中，补加规定量的水，混匀。

②染液加热至 50~60℃时，把润湿并挤干的真丝小样入染。

③在 15min 之内升温至 95~98℃。

④继续染色 45min 后取出小样，冷水充分洗涤干燥贴样。

（3）工艺曲线。

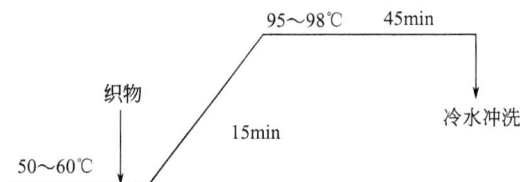

3. 弱酸性染料染锦纶

（1）染液的基本配方与操作步骤。染液的基本配方与操作步骤如表 2-11 所示。

表 2-11 染液的基本配方与操作步骤

染色基本条件	浴比 1∶50，布重 2g/块，染料母液 1∶500，匀染剂母液 10g/L，冰醋酸母液 10mL/L，pH＝4~4.5			
染料浓度（％，owf）	≤0.1	0.1~0.5	0.5~1.0	1.0~2.0
母液体积（mL）	≤1.0	1.0~5.0	5.0~10	10~20
移液管选用（mL）	1	2,5	10	15,20,25
冰醋酸（mL/L）	0.5	0.5	0.5	0.5
冰醋酸母液（mL）	5	5	5	5
匀染剂（g/L）	3	3	2	0.5~2
匀染剂母液（mL）	30	30	20	5~20
染色体积（mL）	100	100	100	100
补加水的体积（mL）	64	64~60	70~65	80~55

（2）染色操作。

①吸取匀染剂母液、染料母液于染杯中，补加规定量的水，混匀。

②染液加热至 40℃左右时，将润湿并挤干的锦纶小样入染。

③在 30min 之内升温至 95~98℃，取出小样，加入醋酸，搅拌均匀后重新放入小样。

④继续染色 30~45min 后取出小样，冷水充分洗涤干燥贴样。

（3）工艺曲线。

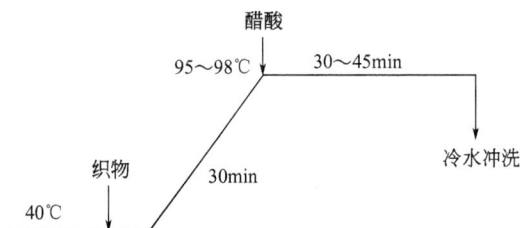

六、分散染料浸染仿色基本工艺设计

1. 分散染料高温高压染色的基本配方与操作步骤

具体配方与操作步骤如表 2-12 所示,皂洗或还原清洗配方与工艺条件如表 2-13 所示。

表 2-12 染液的基本配方与操作步骤

染色基本条件	浴比 1∶50,布重 2g/块,染料母液 1∶500,冰醋酸母液 10mL/L,pH=4~4.5			
染料浓度(%,owf)	≤0.1	0.1~0.5	0.5~1.0	1.0~2.0
母液体积(mL)	≤1.0	1.0~5.0	5.0~10	10~20
移液管选用(mL)	1	2,5	10	15,20,25
冰醋酸(mL/L)	0.4	0.4	0.4	0.4
冰醋酸母液(mL)	4	5	4	4
扩散剂(g/L)	2	1.5	1	0.5
扩散剂称量(g)	0.2	0.15	0.1	0.05
染色体积(mL)	100	100	100	100
补加水的体积(mL)	95	94~90	91~86	86~76

注 扩散剂一定是要耐高温的,否则不要加。

表 2-13 皂洗或还原清洗配方与工艺条件

	皂洗剂(g/L)	纯碱(g/L)	保险粉(g/L)	平平加 O(g/L)	温度(℃)	时间(min)
皂煮清洗	2	2	—	—	98~100	10
还原清洗	—	1~2	1~2	1	75~85	10~15

2. 染色操作

(1)吸取冰醋酸母液、染料母液于不锈钢染杯中,加入扩散剂,补加规定量的水,混匀。

(2)染液加热至 60℃ 左右时,把润湿并挤干的涤纶小样放入染杯中,盖好染杯盖并拧紧。

(3)将染杯置于高温高压小样机中,设定好工艺参数后,开机运行,直至染色机按程序完成染色。

(4)降温、降压后取出小样,进行水洗和皂洗或还原清洗,最后干燥贴样。

3. 工艺曲线

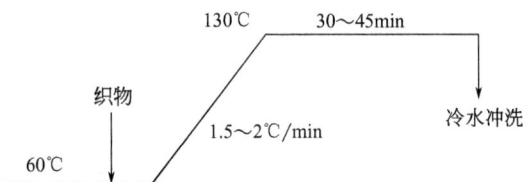

七、阳离子染料浸染仿色基本工艺

1. 阳离子染料染色的基本配方与操作步骤

具体配方与操作步骤如表 2-14 所示。

表 2-14　染液的基本配方与操作步骤

染色基本条件	浴比 1∶50,布重 2g/块,染料母液 1∶500,冰醋酸母液 10mL/L,醋酸钠母液 10g/L,匀染剂母液 5g/L			
染料浓度(%,owf)	≤0.1	0.1~0.5	0.5~1.0	1.0~2.0
母液体积(mL)	≤1.0	1.0~5.0	5.0~10	10~20
移液管选用(mL)	1	2,5	10	15,20,25
冰醋酸(mL/L)	3	3	2	2
冰醋酸母液(mL)	30	30	20	20
醋酸钠(%,owf)	1	1	1	1
醋酸钠母液(mL)	0.5	0.5	0.5	0.5
匀染剂(%,owf)	1.0	0.5	0.5	0.5
匀染剂母液(mL)	4	2	2	2
染色体积(mL)	100	100	100	100
补加水的体积(mL)	64.5	64.5~62.5	72.5~67.5	67.5~57.5

注　匀染剂深色可以不加,浅色匀染问题比较明显则要增加用量。

2. 染色操作

(1)吸取醋酸钠母液、醋酸母液、匀染剂母液于不锈钢染杯中,补加规定量的水,混匀。

(2)将上述染液加温至 85℃,然后将腈纶小样投入处理 10min。

(3)取出小样,在染杯中加入规定量的染料母液,在 85℃下恒温染色 45min。

(4)升温至沸,继续染色 20~30min。

(5)降温至 50℃后取出小样,进行水洗,最后干燥贴样。

3. 工艺曲线

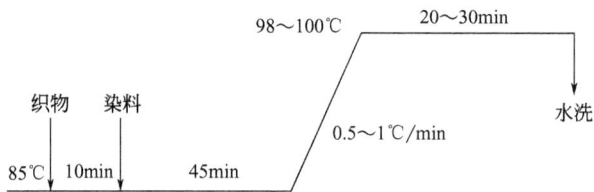

任务二　轧染仿色基本工艺

轧染工艺主要用于机织物连续染色。与浸染法不同的是染料助剂的浓度单位为 g/L,通过轧液率和染料浓度控制单位织物上的染料量。因此轧染仿色主要工艺参数为染液浓度和轧液率。

一般轧液率为 70%~80%,仿色前根据大机轧液率来设定小样轧染机的轧液率,尽可能减少大小样之间的色差。

轧染仿色的工艺流程一般为浸轧染液→固色→水洗→烘干。

轧染工艺条件也基本固定,轧液率、固色温度、固色时间以及水洗条件对各种颜色基本不变。

轧染工艺配方包括染液配方和固色液配方以及皂洗配方。

一、活性染料轧染仿色基本工艺

1. 活性染料焙固法(染料碱剂一浴法)

(1)工艺流程。

小样浸轧染液(轧液率70%左右)→烘干(无接触式)→焙烘(160℃,90s)→冷水洗→皂洗→热水洗→冷水洗→烘干

(2)基本工艺配方。具体工艺配方如表2-15所示。

表2-15 焙固法基本工艺配方 单位:g/L

项 目	X型	K型	KN型	M型
染料	3~50	3~50	3~50	3~50
尿素	0~50	10~100	—	10~100
小苏打	10~20	—	10~20	10~30
纯碱	—	15~30	—	—
抗泳移剂	5~10	5~10	5~10	5~10

(3)染色操作。

①操作配方的计算。按照配方配制200mL染液计算配方中各染辅料的用量。

②配制轧染工作液。先用少量水将染料和尿素充分溶解,然后加入碱剂和抗泳移剂,搅拌均匀并加水至规定的液量。

③为了保证称量误差小于1%,对于大于1g的称量可用百分之一的天平;对于0.1~1g的称量需用千分之一的天平,或配制1:100的染料母液;对于小于0.1g的称量需用万分之一天平或配制1:100的染料母液。

④织物浸轧染液。将准备好的织物进入染液中,时间不少于10s,然后在室温下浸轧,轧液率控制在70%左右。

⑤烘干。浸轧后的织物悬挂于烘箱内,在80~90℃下烘干。

⑥按照工艺冷水洗、皂洗、热水洗、烘干、贴样。

(4)注意事项。

①浸轧前轧车一定要清洗干净并保持干燥,以免造成沾色和水渍。

②对于KN型活性染料采用焙固法时,除酞菁结构外,一般不加尿素,以防止高温碱性条件下尿素与KN型活性染料的活性基反应。

③注意水洗条件的控制,每次严格控制水洗时间、温度和浴比。

2. 汽固法(染料碱剂二浴法)

(1)工艺流程。

小样浸轧染液(轧液率70%左右)→烘干(无接触式)→浸轧固色液→汽蒸(98~100℃,60s)→冷水洗→皂洗→热水洗→冷水洗→烘干

（2）工艺配方。具体工艺配方如表2-16所示。

表2-16　汽固法基本工艺配方

单位：g/L

项　目		X 型	K 型	KN 型	M 型
轧染液	染料	3~50	3~50	5~100	5~100
	抗泳移剂	5~10	5~10	5~10	5~10
	润湿剂	1~3	1~3	1~3	1~3
固色液	纯碱	5~20	20~40	20~40	20~40
	食盐	20~50	50~150	50~150	50~150
	防染盐S	2	2	2	2

（3）染色操作。

①操作配方的计算。按照配方配制200mL染液，体积越大相对误差越小。计算配方中各染辅料的用量。

②配制轧染工作液。先用少量水将染料和尿素充分溶解，然后加入抗泳移剂，搅拌均匀并加水至规定的液量。

③为了保证称量误差小于1%，对于大于1g的称量可用百分之一的天平；对于0.1~1g的称量需用千分之一的天平，或配制1∶100的染料母液；对于小于0.1g的称量需用万分之一天平或配制1∶100的染料母液。

④织物浸轧染液。将准备好的织物进入染液中，时间不少于10s，然后在室温下浸轧，轧液率控制在70%左右。

⑤烘干。浸轧后的织物悬挂于烘箱内，在80~90℃下烘干。

⑥配制固色液。按照200~500mL液量计算固色液操作配方，然后按操作配方称取食盐和碱剂于250mL的烧杯中溶解，加水至规定量搅拌均匀待用。

⑦浸轧固色液。烘干后的小样浸渍固色液后立即取出，平放在塑料薄膜上，并迅速盖上另一片薄膜，压平至无气泡。

⑧汽蒸固色。将盖有薄膜的小样置于烘箱，按规定温度和时间汽蒸固色。

⑨按照工艺冷水洗、皂洗、热水洗、烘干、贴样。

（4）注意事项。

①浸轧前轧车一定要清洗干净并保持干燥，以免造成沾色和水渍。

②因为固色液可以反复使用，所以可一次性多配制一些。但是固色液的颜色明显时应该及时更换。特别是染浅色时更应该注意。

③采用薄膜法汽蒸时，烘箱内的温度必须设定为120~140℃。工艺上要求是98~100℃下汽蒸60s，经验做法是薄膜开始起泡时计时60s即可。

④使用连续还原汽蒸小样机固色，要注意对轧车压力和车速的控制，保证蒸箱中的停留60s即可。

⑤注意对水洗条件的控制，每次严格控制水洗时间、温度和浴比。

3. 冷堆法（染料碱剂一浴法）

（1）工艺流程。

浸轧染液（轧液率 70% 左右）→打卷→堆置→水洗→皂洗→水洗→烘干

（2）工艺配方。具体工艺配方如表 2-17 所示。

表 2-17　冷堆法基本工艺　　　　　　　　　　　单位：g/L

项　　目	X 型	K 型	KN 型、M 型	C 型
染料	3~50	3~50	3~50	3~50
尿素	50~100	5~100	0~100	0~100
纯碱	5~225	—	—	—
烧碱	—	10~15	10~27	
硅酸钠	—	—	50	70
抗泳移剂	5~10	5	10	5

（3）染色操作。

①操作配方的计算。按照配方配制 200mL 染液，计算操作配方。体积越大相对误差越小。

②配制轧染工作液。先用少量水将染料和尿素充分溶解，然后加入碱剂和抗泳移剂，搅拌均匀并加水至规定的液量。

③为了保证称量误差小于 1%，对于大于 1g 的称量可用百分之一的天平；对于 0.1~1g 的称量需用千分之一的天平，或配制 1：100 的染料母液；对于小于 0.1g 的称量需用万分之一天平或配制 1：100 的染料母液。

④织物浸轧染液。将准备好的织物浸入染液中，时间不少于 10s，然后在室温下浸轧，轧液率控制在 70% 左右。

⑤堆置。目前因为堆置的条件不同有多种方法，如微波炉法、常温堆置法、高温（60~70℃）堆置法、和预堆置法。

a. 微波炉法。在微波炉高火加热 1min。

b. 常温法。25℃，8h 或常温，24h（生产前复样）。

c. 高温法。60℃，0.5h 或 70℃，15min。

d. 预堆置法。25℃，0.5h 后 60℃，0.5h。

其中预堆置法与大机生产样最接近。

⑥按照工艺冷水洗、皂洗、热水洗、烘干、贴样。

（4）注意事项。

①浸轧前轧车一定要清洗干净并保持干燥，以免造成沾色和水渍。

②对于中温型染料碱剂的用量如表 2-18 所示：

表 2-18 碱剂与染料浓度关系表

染料(g/L)	≤10	10~20	20~30	30~40	40~50	50~60	60~100
烧碱(30%)(mL/L)	10~15	15~20	20~25	25~26	26~27	27~30	30~35
硅酸钠(36%)(g/L)	C 型 70,其他类型 50						

③因为堆置的时间较长,浸轧后的密封一定要严实,以免造成颜色不匀。

④注意对水洗条件的控制,每次严格控制水洗时间、温度和浴比。

4. 湿蒸法(染料碱剂一浴法)

湿蒸法染色时环保节能,属高效短流程一浴法染色工艺。织物浸轧染液后不需烘干,直接进行高温湿蒸。在控制含水率的条件下使活性染料充分渗透固着。这项新工艺不但可以提高给色量和匀染效果,而且不用烧碱和食盐,仅用小苏打。具有工艺清洁的特点,同时,具有流程短、节能、重现性好、固色率高、得色鲜艳、节约染化料等诸多优点。

(1)工艺流程。

浸轧染液(轧液率 70% 左右)→高温湿蒸固色→水洗→皂洗→水洗→烘干

(2)染色操作。

①操作配方的计算。按照配方配制 100mL(或 200mL)染液(体积越大相对误差越小。对于小于 1g 的称量需用千分之一天平或配制 1:10 的染料母液)计算操作配方。

②配制轧染工作液。先用少量水将染料和尿素充分溶解,然后加入碱剂和抗泳移剂,搅拌均匀并加水至规定的液量。

③织物浸轧染液。将准备好的织物浸入染液中,时间不少于 10s,然后在室温下浸轧,轧液率控制在 70% 左右。

④固色。浸轧后的织物立即置于多功能烘蒸机中,在规定的条件下固色。

⑤按照工艺冷水洗、皂洗、热水洗、烘干、贴样。

(3)工艺配方与工艺条件。具体工艺配方与工艺条件如表 2-19 所示。

表 2-19 湿蒸法基本工艺

项　目				用　量			
染液	染料浓度(g/L)			x			
	小苏打(g/L)			10~20			
	尿素(g/L)			0~30			
皂洗液	活性染料专用净洗剂(g/L)			2~4			
工艺条件	浸轧			室温,轧液率 70% 左右			
	固色	染料类别	相对湿度	温度(℃)		时间(min)	
				薄织物	厚织物	薄织物	厚织物
		K 型	40%~44%	120	120	1~1.5	1~1.5
		KN 型		160	160	2	3
		双活性		120	140	3	3

(4)注意事项。

①浸轧前轧车一定要清洗干净并保持干燥,以免造成沾色和水渍。

②固色时温度、湿度的控制是关键,尤其是湿度控制。

③注意对水洗条件的控制,每次严格控制水洗时间、温度和浴比。

二、还原染料悬浮体轧染仿色基本工艺

1. 工艺流程

浸轧染料悬浮体液(室温,轧液率70%)→无接触式烘干→浸轧还原液(室温,轧液率80%)→汽蒸(98~100℃,60s)→水洗→氧化→皂洗→热水洗→冷水洗→烘干

2. 染色处方及工艺条件

具体染色处方及工艺条件如表2-20所示。

表2-20 还原染料悬浮体轧染基本工艺

项 目		浅色	中色	深色
悬浮体染液	染料(g/L)	≤10	11~24	≥25
	扩散剂(g/L)	0.5~1	1~1.5	1.5
	渗透剂(g/L)	1	1.5	2
	抗泳移剂(g/L)	10	10	10
还原液	烧碱(g/L)	15~20	20~25	25~35
	保险粉(g/L)	15~20	20~25	25~35
氧化	27.5%双氧水(mL/L)	0.5~1.5		
	工艺条件	40~50℃,1~3min		
皂洗	肥皂(g/L)	5		
	纯碱(g/L)	3		
	工艺条件	浴比1:30,95~98℃,3~5min		

3. 染色操作

(1)操作配方的计算。按照配方配制100mL(或200mL)染液(体积越大相对误差越小。对于小于0.1~1g的称量需用千分之一天平或配制1:10的染料母液)分别计算染液和还原液的操作配方。

(2)配制轧染工作液。先用少量水和扩散剂、渗透剂将染料调成浆状,加水至规定的液量并搅拌均匀待用。

(3)织物浸轧染液。将准备好的织物浸入染液中,时间不少于10s,然后在室温下浸轧,轧液率控制在70%左右。

(4)烘干。浸轧后的织物悬挂于烘箱内,在80~90℃下烘干。

(5)还原液的配制。称取规定量的保险粉置于250mL的烧杯中,加水溶解后加入烧碱,加水稀释至规定液量搅拌均匀待用。如果是固体烧碱,则现将固体烧碱溶解后再加入保险粉。

（6）浸轧还原液。烘干后的小样浸渍还原液后立即取出，平放在塑料薄膜上，并迅速盖上另一片薄膜，压平至无气泡。

（7）汽蒸固色。将盖有薄膜的小样置于烘箱按规定温度和时间汽蒸固色。

（8）按照工艺冷水洗、皂洗、热水洗、烘干、贴样。

4. 注意事项

（1）浸轧前轧车一定要清洗干净并保持干燥，以免造成沾色和水渍。

（2）采用薄膜法汽蒸时，烘箱内的设定温度必须高于 100℃。经验做法是 160℃ 下汽蒸60s，或薄膜开始起泡时计时 60s 即可。

（3）使用连续还原汽蒸小样机固色时，应注意对轧车压力和车速的控制。

（4）注意对水洗条件的控制，每次严格控制水洗时间、温度和浴比。

任务三　印花仿色基本工艺

一、涂料印花工艺

1. 工艺流程

调制色浆→刮印→烘干→对色

2. 工艺配方

3%涂料黄	y
3%涂料红	m
3%涂料蓝	c
2%合成增稠剂	k
合成（约）	5

3. 操作步骤

（1）根据仿色任务的要求，对来样进行分析，确定颜色的大致构成。即主色、辅色和次色。然后将适当的 3%涂料冲淡浆和 2%合成增稠剂置于表面皿上。

（2）按照颜色的构成用玻璃棒将适量的各组分进行混合。

（3）将混合后的涂料色浆刮印在样布上。

（4）用电吹风或电熨斗烘干即可比对颜色。

4. 注意事项

（1）关于仿色色浆的量的控制问题。仿色起始量为 5g，终止量不超过 10g。如果仿色的色浆量超过太多，将其多余的色浆收集起来，以备改色训练时用。

（2）用标准筛网和刮刀在标准台板上进行刮印，注意刮印的操作一定要稳定，尽量避免操作误差造成颜色差别。但是对于色光接近的色样，其深度可以通过刮印的力度来进行适当的调节。（只有训练时才可以这样操作，如果是生产大样则是不允许的。）

（3）刮印时一定要保证样布的平整，对于不平整的样布可用熨斗烫平后使用。每次仿色刮印两块色样，便于深度的调节与控制。

（4）刮印后要及时烘干。烘干的方式有熨斗烘干和电吹风烘干两种。整个仿色过程中的样布烘干一定要选择同一种方式进行,保证烘干条件的一致性。

(5)样布烘干后,待样布冷却后才进行颜色的比对。对于色光接近的色样可以刮印第二块色样然后进行比对。

(6)仿色样布不用剪开整体贴样,如图2-1所示。

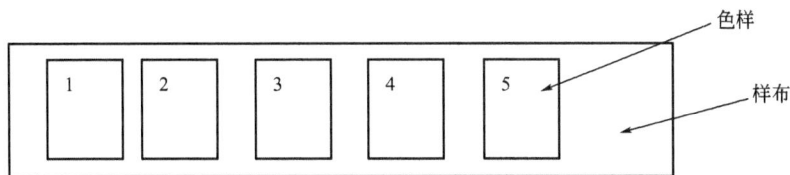

图2-1 印花仿色刮样示意图

(7)每次比对颜色后将色差描述填写在任务书的色差分析栏中。填好色差分析后再根据分析的结果进行下一板的颜色调整。

(8)在调制色浆时,各种基本浆料一定要充分混合均匀,以免刮样颜色不匀,影响颜色的比对。

(9)涂料印花仿色由于具有工艺简单,操作方便,出板快、仿色训练成本低的特点,可以考虑将涂料印花设计成快速仿色工艺。即配方中不加黏合剂成分,不但减少黏合剂的消耗,同时也有利于剩余浆料的回收利用。

二、活性染料印花仿色基本工艺

1. 印花用活性染料的选择

印花有不同于染色的特殊性,某些用于染色的活性染料不一定适用于印花。因此要对印花用活性染料进行选择。经生产实践遴选出下列符合印花工艺要求的活性染料品种如表2-21所示。

表2-21 常用国产印花活性染料

颜 色	K 型	M 型、KN 型	BPS 型
嫩黄色	嫩黄 K-6G	嫩黄 M-7G	嫩黄 BPSN
黄色	金黄 K-2RA	金黄 M-5R	金黄 BPS
艳橙色	艳橙 K-GN、艳橙 K-7R	—	艳橙 BPS
艳红色	艳红 K-2G、艳红 K-2BP	桃红 M-8B	艳红 BPSN
紫色	紫 K-3R	—	紫 BPS
艳蓝色	艳蓝 K-3R、艳蓝 K-GR	—	艳蓝 BPSN
深蓝色	—	深蓝 M-4G	深蓝 BPS
翠蓝色	翠蓝 K-GP	翠蓝 M-GP	翠蓝 BPS
棕色	黄棕 K-GR	—	—
灰色	灰 K-B4RP	—	灰 BPS
黑色	黑 K-BR	黑 KN-B	黑 BPS

2. 活性直接印花基本工艺

（1）工艺流程。

色浆调制→白布印花→烘干→汽蒸→冷水冲洗→热水洗→皂洗→热水洗→冷水洗→烘干

（2）印花色浆基本配方。

活性染料	x
尿素	5%~15%
防染盐 S	1%
热水	适量
海藻酸钠	70%
小苏打	1%~2%
水	适量

（3）工艺条件。

①烘干。印花后一定要采用无接触式烘干，可使用热风箱烘干或电吹风烘干。为了保证烘干条件的一致性，建议采用热风烘干。

②汽蒸。汽蒸固色的条件对仿色结果影响最大。因此汽蒸条件必须严格控制。理论上汽蒸条件为 102~104℃，5~7min。

③冷水冲洗。汽蒸后的小样马上用自来水龙头冲洗，冲至不掉色为止。

④热水洗。条件为 60~80℃，2min。

⑤皂洗。皂洗剂 3g/L，条件为 100℃，2min。

⑥热水洗。条件为 60~80℃，2min。

⑦冷水洗。同冷水冲洗。

⑧烘干。因为此时染料都已经固色，小样可以直接进行熨斗烫干。但是要注意熨斗是否清洁，以免造成沾色影响色光。

3. 基本操作与注意事项

（1）色浆调制操作步骤。检查仿色配方，按照配方称量染料和尿素，将染料和尿素在烧杯中混合，加入规定量和温度的水充分溶解，最后加入到规定量的海藻酸钠原糊（已包含小苏打和防染盐 S）至色浆的总重量，用玻璃棒搅拌均匀即可。

（2）调制色浆要注意控制溶解染料的水的用量，否则色浆的黏度将无法保证。

（3）染料的溶解。由于染料耐热程度不一致，注意严格控制化料的温度，不同类型的活性染料的化料温度要求如下：

K 型活性染料	90℃左右
M 型、BPS 型活性染料	不超过 70℃
KN 型活性染料	不差过 65℃

（4）小苏打和防染盐 S 的加入。小苏打可配制成水溶液后加入，但大部分厂家习惯将防染盐 S 和小苏打直接加入海藻酸钠原糊浆中。其配方如下：

海藻酸钠	6%~8%
六偏磷酸钠	0%~1%
防染盐S	1.5%
小苏打	2%（印染深色时色浆补加1%用量）

（5）仿色调浆的量的问题。制作活性印花基础色样时，仿色色浆的量可以选择30~50g。如果印花仿色训练采用一杯一色的话（一杯色浆仿制一个颜色），为了保证配方的准确性，色浆的起始量为200~500g。

三、分散印花仿色基本工艺

1. 工艺流程

色浆调制→白布印花→烘干→固色→冷水冲洗→热水洗→还原清洗或皂洗→热水洗→冷水洗→烘干

2. 印花色浆基本配方

分散染料	x
水（40~50℃）	适量
尿素	0~2%
原糊	70%

3. 工艺条件

（1）烘干。印花后一定要采用无接触式烘干，可使用热风箱烘干或电吹风烘干。为了保证烘干条件的一致性，建议采用热风箱烘干。

（2）固色。固色有三种方法。

①高温高压汽蒸法。条件为128~130℃，30min。这种方法固色效果好，得色量高，染料适用范围广。实验室使用较少，工厂固色直接在大机器上进行。

②高温常压汽蒸法。条件为170~180℃，6~10min。得色量较低，大机生产时要达到与高温高压汽蒸相同的效果必须在色浆中加入增深剂。

③热熔法。条件为200~210℃，1~1.5min。得色量较低难以得到很深的颜色。由于固色温度高，若染料选择不当，会有部分染料升华而产生沾污。

（3）水洗。水洗工艺一般同活性印花。对于较深颜色或染料脱落较多的染料还必须进行还原清洗，以去除织物表面的浮色，提高颜色的鲜艳度和染色牢度。

还原清洗配方：

保险粉	1~2g/L
烧碱	1g/L
洗涤剂	1g/L

清洗条件：70~80℃，15~20min。

（4）烘干。因为此时染料都已经固色，小样可以直接进行熨斗烫干。但是要注意熨斗是否清洁，以免造成沾色影响色光。有条件的直接用针板拉幅烘干。

4. 分散染料直接印花的基本操作与注意事项

(1)色浆调制操作步骤。检查仿色配方,按照配方称量染料和尿素,将染料和尿素在烧杯中混合,加入规定量和温度的水充分调和,最后加入到规定量的海藻酸钠原糊(已包含防染盐S)至色浆的总重量,用玻璃棒搅拌均匀即可。

(2)调制色浆要注意控制调和染料的水的用量,否则色浆的黏度将无法保证,直接影响印花色浆的给色量。

(3)染料的调和。分散染料不溶或微溶于水,加入印花原糊前一定要将染料用温水调和,使其充分扩散直至均匀方可加入原糊。

(4)防染盐S的加入。为了便于黏度控制和操作方便,一般印染厂习惯将防染盐S直接加入海藻酸钠原糊浆之中。其配方如下:

海藻酸钠	6%～8%
六偏磷酸钠	0%～1%
防染盐S	1.5%

(5)印花原糊。由于涤纶的疏水性,为了确保花型具有较高的清晰度和均匀性,并在染料汽蒸固色时保持花纹轮廓不渗化,也为了降低成本,常用海藻酸钠(或酯)、醚化植物胶或醚化淀粉和乳化糊拼混的混合糊和海藻酸钠与合成增稠剂拼混的混合糊。

(6)增深剂。为了提高染料的利用率,减少染料对白底的沾污,对于中深色常常加入增深剂。例如脂肪酸类的双环氧乙烷(Luprintan HDF)、硬脂酸环氧乙烷(Leomine HSG),其用量为1%～2%。

(7)稳定剂。偶氮类分散染料对碱敏感而造成分解,为了保持印花色浆的稳定性,常常加入酒石酸(醋酸容易分解而失去作用)调节pH值至微酸性。用量为0.2%～0.3%。但加入过多,会影响分散染料中扩散剂的扩散性从而影响上染性能。

任务四　基本色样的制作工艺设计

对于一套染料的仿色,必须对这套染料的特性有所了解。基础色样就是帮助尽快了解染料的仿色特性的。它的作用有:

(1)基本色样帮助初学者确定颜色的深度(N)和myc。

(2)基本色样可以帮助初学者看颜色估配方,迅速提高仿色水平。

(3)基本色样可以为调方后颜色的变化指明方向。

基本色样一般包括单色深度样、色三角样、灰色样和染色特性样。

一、单色样的设计与制作

1. 单色样浓度设计

由于单色样是用来看染料浓度与颜色深度(也就是浓淡)的,由于颜色深度一般是按比例增减的,所以单色样的浓度设计呈比例递增的关系。

2. 单色样卡制作

单色样卡可以按表2-22贴样,将所有色样贴在一张纸上制成样卡。这样一目了然,便于保存和系统了解单色染料的提深度。

单色样卡也可以制成单张卡片,即将表2-22的45个色样制成45张卡片。这样便于训练颜色深度识别的能力,也便于考核测试。

表 2-22　浸染单色样卡(%,owf)

浅色系列（黄）	0.05	0.1	0.2	0.4	0.8
中色系列（黄）	1.0	1.5	2.0	2.5	3.0
深色系列（黄）	3.5	4.0	4.5	5.0	5.5
浅色系列（红）	0.05	0.1	0.2	0.4	0.8
中色系列（红）	1.0	1.5	2.0	2.5	3.0
深色系列（红）	3.5	4.0	4.5	5.0	5.5
浅色系列（蓝）	0.05	0.1	0.2	0.4	0.8
中色系列（蓝）	1.0	1.5	2.0	2.5	3.0
深色系列（蓝）	3.5	4.0	4.5	5.0	5.5

注 单色样的基本工艺参考任务一、任务二、任务三。

二、色三角样的设计与制作

色三角样时三原色染料的色域。三原色不同,所染的色域就不同。

1. 三原色染料的选择

染料的三原色为青、品红、黄,但染料厂推荐三原色和实际生产过程中还是习惯称作红、黄、蓝。表2-23、表2-24列出了分散染料和活性染料各类型的三原色。

表 2-23　分散染料三原色

染料类型	黄	红	蓝
L 型	分散黄 L-R	分散红 L-3B	分散蓝 L-2BLN
M 型	分散黄 SE-NGL	分散红玉 M-GFL	分散蓝 M-2R
H 型	分散黄 H-2RL	分散红玉 H-2GFL	分散蓝 H-BGL
轧染用	分散黄棕 S-2RFL	分散红玉 S-2GFL	分散深蓝 H-GL

表 2-24　活性染料三原色

染料生产厂家		黄	红	蓝
汽巴(耐晒系列,浅色)		活性黄 NP	活性红 C-2BL	活性蓝 C-R
德司达(中深色)		活性黄 RGB	活性红 RGB	活性蓝 RGB
万得化工有限公司 (耐晒系列)	浅色	活性黄 YBL	活性红 PBL	活性蓝 IBL
	中色	活性黄 YBL	活性红 RBL	活性藏青 NBL
万得化工有限公司(中深色)		活性黄 B-4RFN	活性红 B-2BP	活性蓝 B-2GLN
科华染料有限公司	浅色	活性嫩黄 GL	活性粉红 B	活性艳蓝 BB
	中深色	活性黄 ED	活性红 ED-2B	活性黑 ED-HC
江苏申新染料化工股份有限公司		活性嫩黄 SDE	活性红 SBE	活性深蓝 STE
浙江闰土染料股份有限公司		活性黄 RW	活性红 RW	活性蓝 RW

注　染料供应商会向染厂提供推荐的三原色,并由染厂选择。

2. 色三角色样数量的选择

根据三原色染料用的变化幅度来确定色三角的色样数量。染料用量的变化幅度越大色样数量就越小,反之色样数量就越大,两者的关系如表 2-25 所示。

表 2-25　染料变化幅度与色三角色样数量的关系

变化幅度(%)	色样数量	变化幅度(%)	色样数量
20	21	5	231
10	66	2	1326

仿色用色三角的色样数量不需要太大,一般常用 21 色和 66 色即可。

3. 色三角贴样图与色样的编号

21 色和 66 色色三角(彩图 7)的变化梯度分别为 20% 和 10%,取其十位数上的数字代表。如 20% 就用 2 来代表,70% 就用 7 来代表。一般习惯上确定第一位为红,第二位为黄,第三位为蓝,那么红、黄、蓝三原色的编号分别为 100、010、001,100 第一位的 1 表示红 100%,第二位和第三位的 00 分别表示黄、蓝的比例为 0%。例如某一色样红 30%、黄 30%、蓝 40%,那么这个色样的编号为 334,看到编号就可以马上知道三原色的比例。21 色和 66 色色三角贴样图及其编号见图 2-2 及图 2-3 所示。

4. 色三角色样的配方计算

色三角中每个色样的染料总量是相等的,即都是同一个浓度或同一个深度(浓淡)的。色三角的深度,浸染和印花可选择 0.1%~4% 内的不同浓度,轧染可选择 1~60g/L 的不同浓度。确定色三角的染料浓度后,按照色三角各色样的编号中各色染料所占的比例即可计算出染色配方。例如现在要染深度为 2% 的 064 色样,那么 064 色样的配方计算如下:

红:2%×60% = 1.2%

黄:2%×0% = 0%

蓝:2%×40% = 0.8%

```
                      100
                  820      802
              640      622      604
          460      442      424      406
      280      262      244      226      208
  010      082      064      046      028      001
```

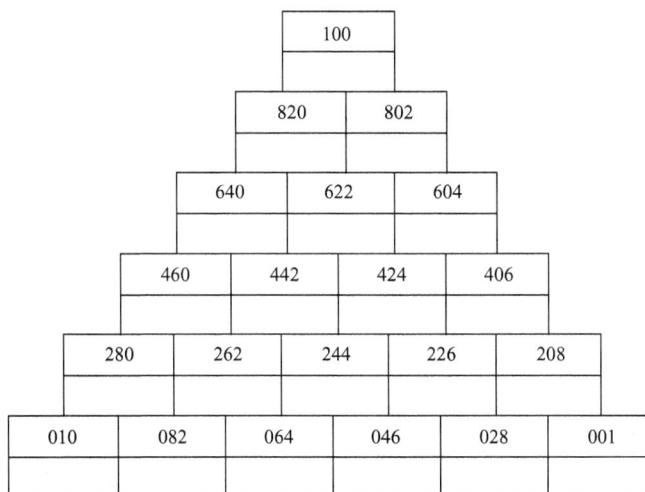

图 2-2　21 色色三角图（三位数代码即 *myc* 值）

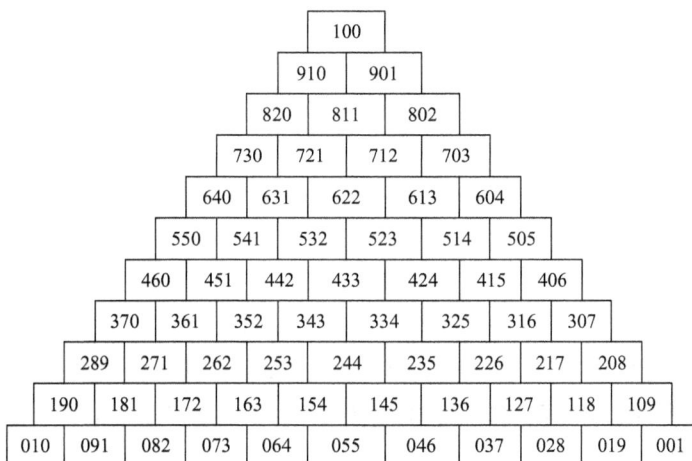

```
                          100
                       910   901
                    820   811   802
                 730   721   712   703
              640   631   622   613   604
           550   541   532   523   514   505
        460   451   442   433   424   415   406
     370   361   352   343   334   325   316   307
   289  271  262  253  244  235  226  217  208
 190 181 172 163 154 145 136 127 118 109
010 091 082 073 064 055 046 037 028 019 001
```

图 2-3　66 色色三角图（三位数代码即 *myc* 值）

5. 色三角样卡的制作

色三角样卡的制作同单色样。

三、灰色样的设计与制作

为了便于确定敏感色的三色比例关系,有必要知道 myc 浓度空间和 Lab 色度空间下,三原色的混合结果以及深度变化后颜色色光的变化趋势。

1. myc 中性灰的设计与制作

在浓度三角形中,三角形的中心即为中性灰。其颜色配方为:

红:1/3mN

黄:1/3yN

蓝:1/3cN

深度 N 按照单色样设计。先将三原色的母液等量混合,配制成 myc 中性灰母液,然后按照单色样的制作方法进行操作。样卡制作同单色样。

2. Lab 中性灰的设计与制作

在色度空间中,中性灰就是明度轴上的颜色。以 1% 的浓度染出色度空间的中性灰(纯度值 $C \leqslant 0.4$),以此时的 myc 为依据,按 myc 灰色样的制作方法制作 Lab 灰色样卡。灰色样卡如表 2-26 所示。

表 2-26　染料灰色样卡

浅灰系列 (myc)	0.05	0.1	0.2	0.4	0.8
中灰系列 (myc)	1.0	1.5	2.0	2.5	3.0
深灰系列 (myc)	3.5	4.0	4.5	5.0	5.5
浅灰系列 (Lab)	0.05	0.1	0.2	0.4	0.8
中灰系列 (Lab)	1.0	1.5	2.0	2.5	3.0
深灰系列 (Lab)	3.5	4.0	4.5	5.0	5.5

四、配方调整样卡的设计制作

通过改变配方对试样与标样的色差进行调整,在定性上要求准确;在定量上要求精确。一般做定性调节(确定调整方向,即增加或减少什么)比较容易,但具体增加或减少多少(百分比)就比较难。因此建立一套对颜色深度、纯度、色相进行不同幅度调整的样卡来指导配方的调整对仿色训练非常必要。

1. 颜色深度调整样卡

将三原色等量混合,即为 myc 灰。在染料浓度为 0.5%、2%、3% 的前提下,研究染料总量变化±1%、±5%、±10%、±20%、±30% 颜色深度的变化情况。见表 2-27。

表 2-27　深度调节参考样卡

染料浓度变化 染料浓度及 L 值	30%	20%	10%	5%	1%	0	-1%	-5%	-10%	-20%	-30%
0.5%											
L 值											
2.0%											
L 值											
3.0%											
L 值											

2. 颜色灰度(纯度)调整样卡

根据染料浓度决定深度(明度),主料(染料用量较多)决定色相,辅料(染料用量较少)决定灰度(纯度)的原理。我们可以设计 451 橙色、145 绿色、415 紫色三个颜色在 1%浓度下对辅料(451 为蓝色、145 为红色、415 为黄色)进行±1%、±5%、±10%、±20%、±30%的调整。从而得到颜色灰度(纯度)调整样卡。见表 2-28。

表 2-28 灰度调节参考样卡(深度为 1%)

	30%	20%	10%	5%	1%	0	−1%	−5%	−10%	−20%	−30%
451 橙色											
C 值											
145 绿色											
C 值											
415 紫色											
C 值											

3. 颜色色相调整样卡

选择 1%深度的 442 橙灰、244 绿灰、424 紫灰三种颜色,分别针对决定色相的两只染料进行浓度变化,变化幅度为±1%、±5%、±10%、±20%、±30%,从而找出色相的变化规律。见表 2-29。

表 2-29 色相调节参考样卡

		30%	20%	10%	5%	1%	0	−1%	−5%	−10%	−20%	−30%
442 橙灰	红											
	H 值											
	黄											
	H 值											
244 绿灰	黄											
	H 值											
	蓝											
	H 值											
424 紫灰	红											
	H 值											
	蓝											
	H 值											

项目三 印染仿色基本操作

印染仿色基本操作是仿色结果准确稳定的保证,也是仿色技术最基本的要求。印染仿色由于影响仿色结果的因素太多,印染仿色基本要求就是规范仿色操作,减少由于操作原因带来的误差。本项目内容主要包括浸染仿色基本操作、轧染仿色基本操作和印花仿色基本操作。

任务一　常见仿色设备及其操作

染色打样设备

1. 电热恒温水浴锅

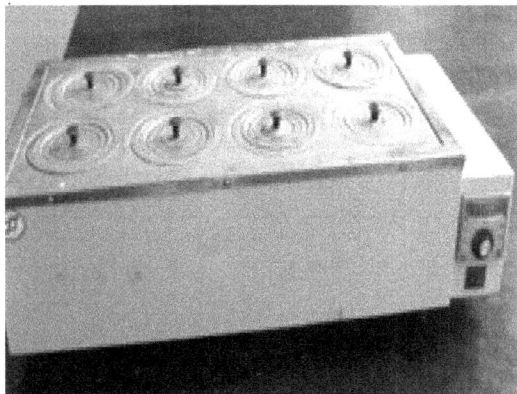

图2-4　常温电热恒温水浴锅

恒温水浴锅是浸染仿色的主要设备,如图2-4所示。用来为染色提供稳定的工艺温度,适合多人进行仿色操作,但操作时必须注意恒温水浴的温度比染液控制的温度要稍高一些。工艺温度以温度计测量染液的温度为准。使用时注意保持水浴锅中的水量。

2. 染色小样机

染色小样机常用常温振荡式染色样机,其一般为工厂仿色打样设备,如图2-5所示。不适合多人参加的仿色操作。由于自动控制温度和染色程序,染色工艺条件控制稳定,染色重现性好,仿色效率高,适合一次试染多个配方的小样。使用时必须注意:

(1)保持适当的水量,以染杯不会浮起为准。

(2)甘油高温染色小样机中要保持适当液位,打开染杯前用清水将染杯外面的甘油冲洗干净,以免甘油污染染色小样。

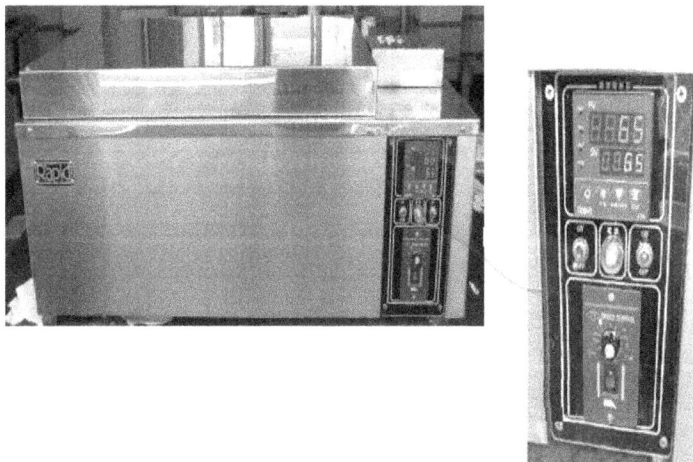

图2-5　常温振荡染色小样机

(a)卧式　　　　　　　　(b)立式

图 2-6　气动小轧车

3. 小样轧车

小样轧车一般是气动小轧车,分为立式和卧式两种,如图 2-6 所示。操作规程如下:

(1)做好轧车清洁,检查设备是否异常。

(2)开启空气压缩机。

(3)接通轧车电源,按下"运行"按钮,此时设备空载转动。

(4)选择"正反转"按钮,使转动与进布的方向一致。

(5)打开空压调节阀门给运行的轧车加压,并调节轧车两端压力(一般为 0.2~0.3MPa,并且每次使用时这个压力保持不变)。

(6)将转动速度调节旋钮调至适当的速度(每次的使用速度应该保持一致)。

(7)轧车应该定期测试和调节(通过压力调节)轧液率,确保轧液率恒定(左、中、右轧液率相等)。

(8)浸轧前一定要将轧辊上的水抹干,并在运行中用少量浸轧液淋湿。

(9)浸轧完毕清洗轧辊,卸下轧辊压力,停止运行,切断电源。

4. 连续轧染小样机

连续轧染机包括连续式热熔固色机和连续式压吸蒸染机,分别如图 2-7 与图 2-8 所示。连续轧染小样机是按照连续轧染机的构造缩小仿制而成的,目的是缩小染色轧染小样与生产样之间的差别,提高仿色的准确性。该设备占地面积较大、运行成本较高。适合教学演示,但不适合集体仿色训练操作。

该设备的核心部件是小轧车、温(湿)度控制系统。最好在连续式热熔固色机上配套常压高温汽蒸工艺条件控制,这样可实现一机多用——既可以做烘干、焙固,还可以进行过热汽蒸。不仅能满足染色工艺要求,还能满足分散/活性染料印花固色的工艺要求。

连续轧染小样染色机由于与大货生产条件比较接近,小样与大样的误差较小,有利于提高生产效率。

图 2-7　连续式热熔固色小样机

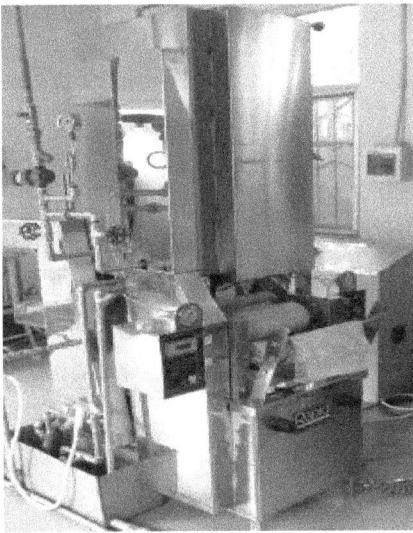

图 2-8　连续式压吸蒸染机

图 2-9　磁棒印花小样机

5. 磁棒印花小样机

磁棒印花机是印花仿色理想设备,如图 2-9 所示。其特点是每次刮样可以保证给浆量一致,使得色稳定,避免了人为的操作误差。每次使用操作时必须注意:选择适用的磁棒规格,调节好磁棒压力和磁棒速度。

任务二　浸染仿色基本操作

浸染仿色操作包括:样布准备(剪布)、母液配制、染液配制、染机编程与运行、下料与下布、染机染色、染后处理、烫布与贴样等。

一、样布准备

仿色打样前一定要做好样布的准备工作,首先样布的品种必须与大货生产的品种相一致,最好是一个批次的;其次样布必须按工艺要求做完前处理,并符合前处理的质量要求;最后剪布的质量误差符合小于 1% 的要求。一般浸染仿色布样的质量不会小于 2g,用 1% 的天平称量。

剪样操作可以是在称量整幅样布前剪下的适当宽度的一条布,大概是样布质量的 16 倍。如果布重为 2g 那么这条布的质量应该是 32g。然后记下这条布的宽度,以便下次取同样的宽度,再将这条样布分 16 等分即可。

二、染料母液的配制

1. 仪器设备与染料、助剂的准备

千分之一电子天平、称量瓶、药匙、烧杯、玻璃棒、移液管、洗耳球、容量瓶、电炉、所需染料和助剂(建议在训练中使用食盐或纯碱代替染料进行)。

2. 染料母液的配制程序

精确称量(±0.001g)→转移至烧杯→加水溶解→加少许水稀释→转移→稀释→滴加至刻度→摇匀→贴标签

配制程序如图 2-10 所示。

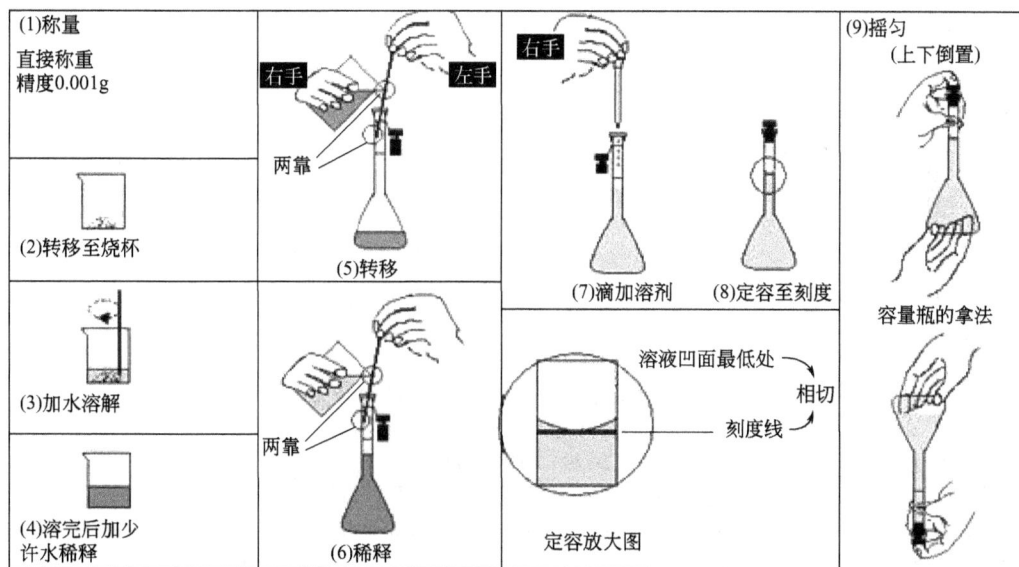

图 2-10　母液配制程序示意图

3.(电子天平)称量

(1)打开电源开关,预热 15~30min,等待天平回零。

(2)放上称量瓶或称量纸去皮。

(3)用药匙将所需称量的染料慢慢放到称量瓶或称量纸上,至所需的质量(误差为

±0.001g)即可。

4. 溶解

(1)用少量蒸馏水(一般可用自来水)将称量瓶中的染料溶解到烧杯中。

(2)用玻璃棒搅拌使其充分溶解(难溶的染料可用电炉加热)。

(3)将充分溶解好的染料加入容量瓶中。

(4)用适量的蒸馏水分多次清洗烧杯,并将清洗后的染液转移至容量瓶中,直至烧杯清洗干净为止(注意此时容量瓶中的液量要低于刻度线)。

5. 稀释染料至刻度

在液量即将到达刻度线时,用移液管(或胶头滴管)滴加蒸馏水至刻度线。然后盖上瓶盖充分摇匀即可。

6. 贴标签

标签注明染料名称、力份、母液浓度、配制日期等。

三、染液的配制

1. 仪器设备与染料、助剂的准备

烧杯(或三角瓶)、移液管、洗耳球、染料母液。

2. 染液配制的程序

计算母液用量(mL)→染杯按编号排列→移液管取样→加水稀释至规定量→加入染色助剂并充分溶解

3. 计算母液用量

根据染色配方和所用母液的浓度计算每只染料所需的母液的体积。计算方法见模块二项目一印染知识。

4. 移液管取样

(1)将所用移液管用染料母液少许荡洗三次后插入母液瓶中(一般有1mL、2mL、5mL、10mL四种规格)。

(2)根据所取母液的量选择适当的移液管,选择依据如表2-30所示。

表2-30　移液管的选择

移液管规格(mL)	1	2	5	10
母液体积(mL)	0.5~1	1~2	2~5	5~10

(3)以右手拇指及中指捏住管颈标线以上的地方,将移液管插入母液液面下1~2cm,不应伸入过多,以免管尖外壁粘有溶液过多,也不应伸入过少,以免液面下降后而吸空。这时,左手拿橡皮吸球(一般用60mL洗耳球)轻轻将溶液吸上,眼睛注意正在上升的液面位置,移液管应随容器内液面下降而下降,当液面上升至刻度标线以上约1cm时,迅速用右手食指堵住管口,取出移液管,用滤纸条拭干移液管下端外壁,并使其与地面垂直,稍微松开右手食指,使液面缓缓下降,此时视线应平视标线,直到凹液面与标线相切,立即按紧食指,使液体不再流出,并使出

口尖端接触容器外壁,以除去尖端外残留溶液。

(4)将移液管移入准备接受溶液的容器中,使其出口尖端接触器壁,使容器微倾斜,而使移液管直立,然后放松右手食指,使溶液自由地顺壁流下,当管内液面到达所需刻度时按紧管口使母液不再流出。

注意:为了取样准确,一般不使用管尖没有刻度的部分,也不用考虑最后一滴吹不吹和停放多长时间的问题。

5. 加水稀释至刻度

计算好加水稀释的体积(染液体积减去所取母液的体积即为加水的体积)直接用量筒量取相应的体积加入染杯中即可。

注意:染液中加入液体助剂时应该计算体积,加入固体助剂可不计算体积。染色助剂应根据染色工艺要求加入。

6. 核查

检查配方与染杯是否对应,是否有错误。

四、染色小样机编程与运行

染色小样机编程与运行以 HG-TC150 型、HG-TC100B 型、C 型为例。

1. 面板键的定义和操作说明

(1)复位键。使系统返回初始状态。首位显示闪动"P"。在运行状态下,先按"停止"键后再按复位键。

(2)编程键。使系统进入编程状态。

(3)运行键。复位状态按"运行"键后,显示"F ＿＿ L ＿＿"表示待输入工艺号及步序号,输入数据后,按"运行"键系统投入运行。运行中按"运行"键则显示正在进行的工艺号及步序号,3s 后恢复。

(4)停止键。在运行状态下,按"停止"键使程序暂停。

(5)数字键(0~9)。用来输入 0~9 的数字。

(6)上翻键(△)。用"△"可使编程数据存入存储器并向上翻页,还可作步骤检查。

(7)下翻键(▽)。用"▽"可使每步数据向下翻页还可作程序步退检查。

(8)位移键(▷)。平行右移(循环)显示。

2. 编程操作

(1)按复位键显示"P"状态。

(2)按编程键显示"F0L0",同时"F0"中的"0"闪烁。"F"代表工艺代号,"L"代表步序号。

(3)按数字键(0~9)输入工艺代号。

(4)按位移键"L0"中的"0"闪烁。

(5)按数字键(0~9)输入步序代号。

(6)按上翻键(△)保存并翻页,显示温度(×××.×)、升温速率(×.×)和时间(××),同时温度的第一位数闪烁。

（7）按数字键（0~9）输入工艺设定的温度，用位移键配合设定温度、升温速率和时间等。

（8）按上翻键（△）保存并翻页，同时显示下一步序，2s后自动显示显示温度（×××.×）、升温速率（×.×）和时间（××），同时温度的第一位数闪烁。

（9）按数字键（0~9）输入相应数据。

（10）按上翻键（△）保存并翻页，继续重复（8）、（9）操作直至工艺的所有步序输入完毕。

（11）所有步序的数据输入完毕后，按上翻键（△）保存，将下一步序的所有数据全部设置为"0000000"（即为结束程序）并保存。

（12）按复位键退出，同时"P"闪烁。

例如：编制65℃保温60min的染色程序的操作如下：

接通电源——按编程键——用数字键和位移键选定"P0L0"——按确认键（△）——分别用数字键和方向键选定"0659960"——按确认键（△）——自动显示"P0L1"——分别用数字键和方向键选定"0000000"——按确认键（△）编程完毕。

3. 程序检查

（1）用数字键（0~9）和位移键设定需要检查的F工艺代号和步序。

（2）按上翻键（△）逐步检查。

（3）按复位键退出。

4. 程序运行操作

（1）在"P"状态按运行键，显示"F0L0"并闪烁。

（2）用数字键（0~9）和位移键设定需要检查的F工艺代号和步序。

（3）按运行键即可。

五、下料与下布

（1）根据工艺曲线下料、下布。下料后注意要使其充分溶解。

（2）下布时一定要将待染的样布做好标记并检查布样与染杯是否一致（千万不要忽视）。

（3）下布前样布一定要用水浸湿挤干。

（4）样布刚刚接触染液时，染料的上染率最高，为了染色均匀，此时要保持染液的振荡。

六、染机染色

（1）布样进入染杯后应该立即放入小样机进行染色，染杯放入染机的操作一定要快速、准确，如果是摇摆式小样机要注意动作不能太大以免损坏三角染杯。

（2）染杯放入染机后的操作见小样染色机的编程与运行操作。

（3）染色程序结束后，停止染机的转动或摇摆，迅速从染机取出染杯，打开染杯（甘油机在打开染杯前洗去染杯外的甘油，以免甘油污染样布）进入后处理工序。

七、染后处理

（1）染后水洗（包括皂洗、热水洗、还原清洗、酸洗等）。

(2)染后固色处理。

(3)染后柔软处理以及其他整理处理。

以上操作根据染色工艺设计的要求进行。

八、烫布与贴样

(1)仿色小样的烘干方式有热风箱烘干和熨斗烘干,但浸染仿色多采用熨斗烫干。

(2)烫布熨斗一般选择家用调温熨斗,烫布前准备多层白布铺垫。

(3)烫布前布样应该洗净挤干,展平于垫布上。为了防止沾色,布样上面盖上白布。

(4)将预热后的熨斗放在盖布上进行熨烫,注意对于不同纤维织物熨斗的温度要进行重新设置。

(5)根据贴样要求进行贴样,注意色样与配方的一致性。

任务三 轧染仿色基本操作

轧染仿色操作包括:样布准备(剪布)、染液配制、轧液率的检测、染机的运行、浸轧与烘干、浸轧固色、染后处理、烫布与贴样等。

一、样布准备

仿色打样前一定要做好样布的准备工作,首先样布的品种必须与大货生产的品种相一致,最好是一个批次的;其次样布必须按工艺要求做完前处理,并符合前处理的质量要求;最后就是剪布,样布尺寸:宽度(织物的纬向)约 15cm,长度(织物的经向)30~35cm。注意:

(1)样布必须用剪刀剪,不可用手撕。

(2)布样表面一定要平整,不能有折痕。

(3)织物两边 5cm 以内不可使用,因为机织物的布边都有边组织,影响轧染的均匀性。

二、染液的配制

(1)根据染液的体积(一般为 200mL)和染色配方计算各染料的质量(g)。

(2)根据染料的质量进行称量。注意一般用 1% 天平称量,精度为±0.01g,对于染料质量低于 1g 的,为了保证称量精度误差≤1%(注意是相对误差),应该考虑使用母液。母液浓度与染色配方的最小浓度的关系如表 2-31 所示。

表 2-31 配方浓度(g/L)与母液浓度(稀释倍数)的关系(染液体积 200mL)

染料浓度(g/L)	≤0.5	0.5~5.0	≥5.0
染料量(g)	≤0.1	0.1~1.0	≥1.0
母液浓度(稀释倍数)	100	10	不用稀释
母液体积(mL)	≤10	1~10	直接称量

如果使用千分之一天平称量精度可以提高十倍,但是称量速度会减慢。

(3)染料通过天平称量或吸量管量取后,按照染料溶解的要求进行操作,使染料充分溶解,最后加水至规定的体积。

三、浸轧准备

准备样布→称重(浸轧前)→浸轧(清水)→称重(浸轧后)→计算

1. 样布准备

(1)按 15cm(纬向)×20cm(经向)大小剪取 3 块试样并编号。

(2)用百分之一的天平称量每块试样的质量精确到±0.01g。并将其记录在如表 2-32 所示的轧液率测试表中。

表 2-32　轧液率测试表

项　　目	1#	2#	3#
轧前布重(g)			
轧后布重(g)			
轧液率(%)			

2. 浸轧称重

分别将三块试样用清水逐块浸轧,浸轧后立即放在天平上进行称量,并将称量的结果记录在测试表中,称量的精度要求精确到±0.01g。

3. 轧液率的计算

$$轧液率=\frac{浸轧后布重-浸轧前布重}{浸轧前布重}\times100\%$$

四、浸轧与烘干

(1)按照轧车的操作规程进行浸轧。浸轧前一定要检查轧辊的清洁、轧液率的大小、固定的浸轧速度、待浸轧样布的正反面等(一般考虑正面朝上)。

(2)如果在小轧车上浸轧,注意浸渍时间的掌握。

(3)浸轧后染液回收在染杯中,同时做好轧车的清洗工作,保证轧车的清洁。

(4)浸轧后立即放入烘箱(80℃)悬挂烘干,注意不可采用接触式烘干。

五、浸轧固色

(1)检查导布是否完好,打开连续式轧蒸机使蒸箱预热。

(2)按照工艺配方配制固色液、皂洗液等。

(3)待温度达到工艺温度后,将固色液倒入轧槽,用缝纫机接上待固色样布(注意样布前的导布不能脱色,以免沾污),开动机器使待固色样布即将到达轧槽时停下。

（4）将固色液倒入轧槽,轧车加压,开动机器。

（5）为了节省固色液和减少对导布的损伤,当样布全部经过轧槽后,放下轧槽,导布不经过固色液浸轧。

（6）当样布到达出布口时停机,取下样布,固色完成。

六、染后处理

按照水洗工艺进行水洗。

七、烫布贴样

见浸染打样操作。

任务四　印花仿色基本操作

印花仿色基本操作包括:织物准备、调制色浆、刮印烘干、固色处理、水洗烫干等。

一、织物准备

印花仿色用的织物必须使用与印花加工相同的品种,最好还是同一批次。仿色织物的形状与尺寸大小可根据仿色小样蒸化或焙烘的条件适当选择。对于只需烘干即可对色的涂料印花仿色,织物的尺寸只要便于烘干即可。

二、调制色浆

色浆调制一般按照基本工艺要求按配方进行操作。但要注意:

（1）在生产中,仿色色浆的量最多不超过 500g。那么仿色色浆调配的起始量为 200~300g,太少不够后面做 S/O 样,太多最后色浆的量有可能超过 500g,从而造成浪费。

（2）在训练中,由于没有做 S/O 样的要求,为了减少浪费降低成本,印花仿色色浆起始量为 50~200g。仿色结束后色浆量不超过 200g。

（3）按照染料浓度误差≤1%的原则,在色浆中增减(一般是增加没有减少)的量(百分之一的天平)的误差无法保证误差精度时,必须对染料或涂料稀释适当倍数,然后用体积计量。稀释要求如表 2-33 所示。

表 2-33　染料增加量(g)与母液浓度(稀释倍数)的关系

增加染料量(g)	0.001~0.01	0.01~0.1	0.1~1.0	≥1.0
母液浓度(稀释倍数)	500	50	5	不用稀释
母液体积(mL)	0.5~5	0.5~5	0.5~5	直接称量

（4）使用母液时会降低色浆黏度,影响印花的给色量,一般控制母液的量在色浆量的5%以内。

（5）由于碱剂用量随染料浓度而变化,活性印花色浆中的小苏打不宜事先在制糊时加入。

但防染盐 S 可以事先加入原糊中。

三、刮印烘干

(1)刮印应在印花台板上进行,刮印色块的筛网一般选择 80~120 目。

(2)刮印时的刮刀压力、速度、刮印次数的控制要尽量接近大机印花时的给浆量。尽可能保证小样与大机印花生产样得色的一致性。

(3)有条件的话,最好选择磁棒小样印花机。

(4)刮印完成后,剩余色浆收集以备调色和 S/O 样(stike-off 手工印花样)的刮印。

(5)烘干一定要热风烘干或自然晾干,避免搭色。

四、固色处理

(1)按照工艺条件进行固色处理,其固色条件一定要接近大机生产时的条件。尤其对于固色敏感的染料,可考虑在生产大机上做小样固色处理。

(2)固色温度、时间、湿度的控制。摸索不同固色设备上的色差规律,尽量做到小样固色与大机固色的颜色一致,特别是湿度的影响。

五、水洗烫干

水洗烫干按照工艺条件进行,操作同浸染打样。

模块三　调色

应知:

1. 调色方法及其计算
2. 计算机配色原理
3. 影响色差的因素

应会:

1. 快速准确调整配方
2. 进行计算机配色操作
3. 利用计算机测色进行调方
4. 能对色差的原因进行分析并提出解决办法

项目一　人工调色

印染仿色就是对照标样进行仿制,使得仿制的色样(俗称试样)与标样之间的色差达到规定的级别。在实际仿色过程中试样与标样总是存在一定的色差,这就需要具有专业水平的人员对试样的颜色进行调整,缩小与标样的色差,最后达到规定的色差级别,这就是调色。调色是通过对染料配方的调整实现的,调色是仿色技术的关键环节。本项目安排四个任务:任务一印染仿色原理,任务二基础色样及其应用,任务三看色估配方,任务四看色调配方。

任务一　印染仿色原理

印染仿色实际上就是进行色料的混合,主要应掌握色料混合的减法原理和色料混合的余色原理。

为了直观精确表达颜色,有必要确定与印染仿色配方直接相关的颜色浓度三角形和浓度颜色空间,这对于仿色调方有直接的指导意义。

一、三原色色度三角形

1. 麦氏维尔(Maxwell)色度三角形

在 RGB 颜色空间中,任意一点(颜色)都可以用 $C = m\{r[R] + g[G] + b[B]\}$ 来表示。

式中:m 为色模,它代表某彩色光所含三基色单位的总量;r、g、b 为 RGB 制的色度坐标或相对色系数,它们分别表示当规定所用三基色单位总量为 1 时,为配出某种给定色度的色光所需

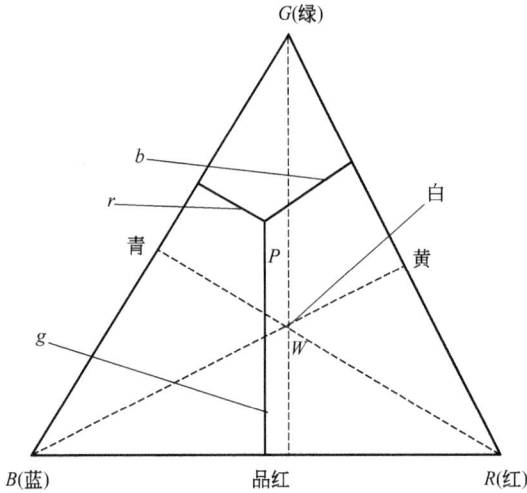

图 3-1　Maxwell 色度三角形

的$[R]$、$[G]$、$[B]$数值。

除了数学表达式以外,描述色彩的还有色度图,色度图能把选定的三基色与它们混合后得到的各种彩色之间的关系简单而方便地描述出来。图 3-1 表示一个以三基色顶点的等边三角形。三角形内任意一点 P 到三边的距离分别为 r、g、b。若规定顶点到对应边的垂线长度为 1,则不难证明关系 $r+g+b=1$ 成立,因此 r、g、b 就是这一色三角形的色度坐标。显然,白色色度对应于色三角形的重心,记为 W,因为该点 $r=1/3$,$g=1/3$,$b=1/3$ 沿 RG 边表示由红色和绿色合成的彩色,此边的正中点为黄色,其色度坐标为 $r=1/2$,$g=1/2$,$b=0$。橙色在黄色与红色之间,其色度坐标为 $r=3/4$,$g=1/4$,$b=0$。同样,品红色(也称紫色,但与色谱紫不一样)在 RB 边的中点,其色度坐标为 $r=1/2$,$g=0$,$b=1/2$,青色在 BG 边的中点,其色度坐标为 $r=0$,$g=1/2$,$b=1/2$。穿过 W 点的任一条直线连接三角形上的两点,该两点所代表的颜色相加均得到白色。通常把相加后形成白色的两种颜色称为互补色。例如图中的红与青、绿与品红、蓝与黄皆为互补色。从三角形边线上任一点(如 P 点)沿着此点与 W 的连线(如 PW)移向 W 点,则其颜色(如 100% 饱和度的纯红色)逐渐变淡,到达 W 点后颜色就完全消失。上述色三角形称为 Maxwell 色度三角形。

2. myc 浓度三角形

根据 Maxwell 色度三角形原理,在 MYC 颜色空间中的任意一点也可以用 $C=N\{m[M]+y[Y]+c[C]\}$ 来表示。

式中:N 为染色深度,它代表组成某一颜色三原色的染料总量(总浓度)。m、y、c 为 CMY 模式的色度坐标,它们分别表示当规定所用三原色单位总量为 1 时,为配出某种给定色度的颜色所需的$[C]$、$[M]$、$[Y]$数值。一般习惯用百分数来表示。

除了数学表达式以外,描述色彩的还有色度图,色度图能把选定的三原色与它们混合后得到的各种彩色之间的关系简单而方便地描述出来。图 3-2 表示一个以三原色为顶点的等边三角形。三角形内任意一点 P 到三边的距离分别为 c、m、y。若规定顶点到对应边的垂线长度为 1,则不难证明关系 $m+y+c=1$ 成立,因此 c、m、y 就是这一色三角形的浓

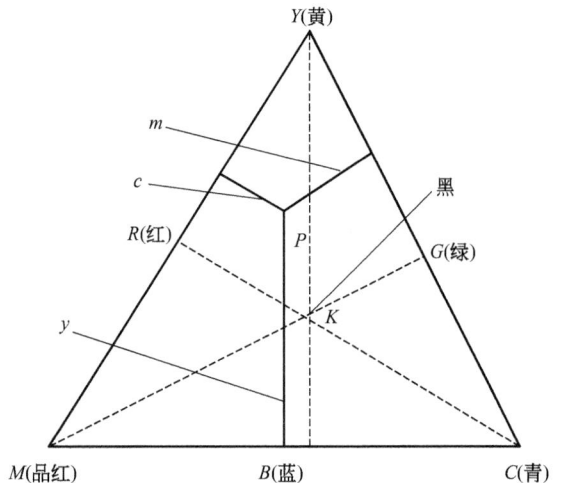

图 3-2　myc 浓度三角形

度坐标。显然,黑色(或中性灰)色度对应于浓度色三角形的中心,记为 K,因为该点 $c=1/3$,$m=1/3$,$y=1/3$。沿 CM 边表示由青色和品红色合成的彩色,此边的正中点为蓝色,其浓度坐标为 $c=1/2$,$m=1/2$,$y=0$,即:青色 50%、品红色 50%、黄色 0%。同样,沿 MY 边表示由品红色与黄色合成的颜色,中点为红色,其浓度坐标为 $c=0$,$m=1/2$,$y=1/2$,即:青色 0%、品红色 50%、黄色 50%。沿 CY 边表示由青色与黄色合成的颜色,中点为绿色,其浓度坐标为 $c=1/2$,$m=0$,$y=1/2$,即:青色 50%、品红色 0%、黄色 50%。穿过 K 点的任一条直线连接三角形上的两点,该两点所代表的颜色相加均得到灰色或黑色。通常把相加后形成黑色的两种颜色称为余色。例如图中的红与青、绿与品红、蓝与黄皆为余色。在三角形中的任一点(如 P 点),沿着此点与 K 的连线(如 PK)移向 K 点,则其颜色逐渐变暗,到达 K 点后颜色就变成灰色或黑色。上述色三角形称为 myc 浓度三角形。

二、三原色浓度空间(myc/N)

明白了浓度三角形,就不难想象三原色的浓度空间。所谓空间,就是有三个变量即所谓的三维立体。在孟塞尔色立体中的三维就是色相、纯度和明度;在 Lab 色度空间中的三维是明度、红绿值和黄蓝值;在 RGB 色度空间中的三维就是红、绿和蓝光的量。那么在浓度色三角中的三维就是红(品红)、黄、蓝(青色)三种染料的浓度。在仿色过程中我们就是要用染料浓度来表示颜色,因此三原色浓度空间的研究对于我们快速掌握仿色技巧、(用不同染料)染出需要的颜色是非常必要和非常有效的。

三原色浓度空间模型如图 3-3 所示。浓度空间由不同深度下的浓度三角形堆积组成。每一个三角形(平面)对应一个颜色深度(N)。N 的取值范围就是三原色染料的最大的(饱和的)用量和最小的用量。在最大与最小用量之间的变化梯度就决定每层色三角之间的深度差别。在某一深度下的色三角中颜色的色相和纯度完全取决于三原色染料用量的百分比值 m、y、c。印染仿色的原理就是通过 m、y、c 和 N 值来染出 Lab 色度空间中的某一颜色。

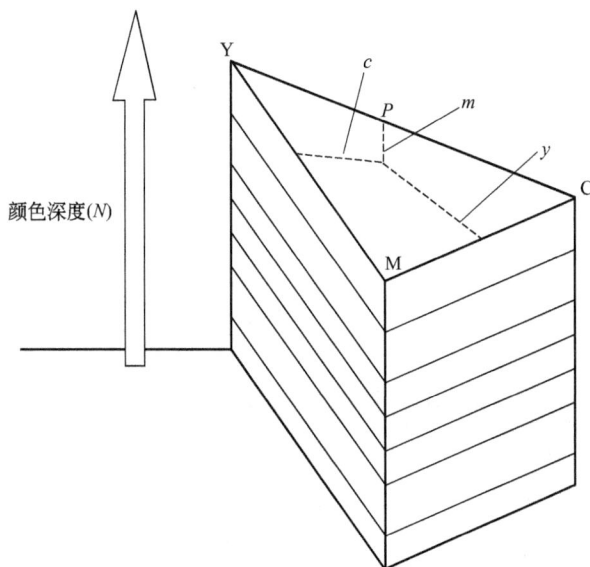

图 3-3　三原色浓度空间(myc/N)

在浓度空间中的任意(一点)颜色,都可以找到他的深度 N,然后在 N 平面中找到 myc 值。再根据 m、y、c 值和 N 值即可计算出改颜色的配方:

红 M　　　　　Nm

黄 Y　　　　　Ny

蓝 C　　　　　Nc

例如:某颜色 $N=4.5\%(\text{owf})$、$c=20\%$、$m=40\%$、$y=40\%$,那么这个颜色的配方就是:

蓝 C　　　　　$4.5\%\times20\%=0.9\%$

红 M　　　　　$4.5\%\times40\%=1.8\%$

黄 Y　　　　　$4.5\%\times40\%=1.8\%$

如果写配方习惯红黄蓝的话,那就按照 MYC 的顺序(而不是 CMY)记录配方。

当然,由于染料纯度和品种的差异以及染料浓度变化色相也会发生变化,因此图 3-3 浓度轴 N 不一定就在三角形的中心,那么,图 3-3 中浓度轴(N)也不是一条直线。这就需要对染料的 MYC 中性灰(m、y、c 值均为 1/3)和颜色 Lab 中性灰时的 m、y、c 值进行研究,这样对仿色调方意义很大。

三、三原色仿色原理及方法

在上述三原色浓度空间中的任意一点都代表一个颜色,而且这个颜色点所对应的坐标就是该颜色的染料配方中的 m、y、c 值。印染仿色就是尽快和尽可能准确地找到空间的这个点。

按数学求解的方法,要在立体空间找到这个点,就必须先找到这个点所在的面,然后在这个面上找到这个面上的点所在的直线,最后在这条直线上找到这个点,即按照面—线—点的步骤进行空间定位。

首先在浓度空间中确定一个平面,就是确定颜色的深度,也就是染料总浓度;然后在颜色所在的平面确定一条线,就是确定颜色的纯度(灰度),也就是辅料的浓度;最后在这条线上确定这个点的位置,就是确定颜色的色相。

正是所谓的先深度,再纯度,最后色相的调色方法。仿色原理及方法用图 3-4 表示如下:

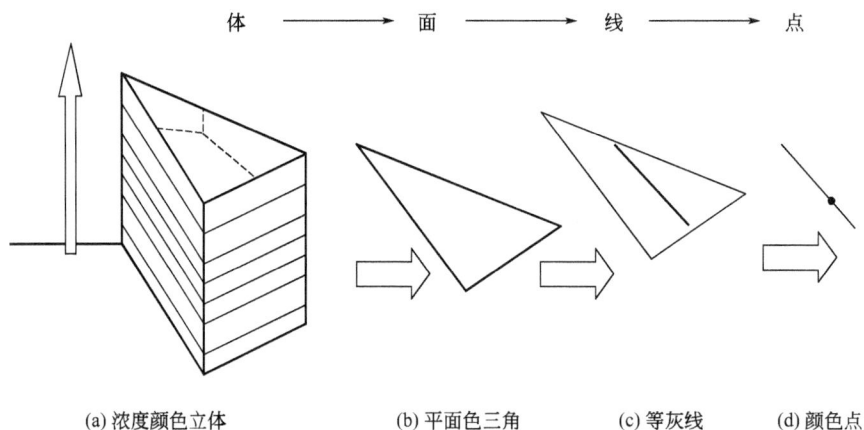

图 3-4　仿色原图示意图

任务二 基础色样及其应用

基础色样主要是色三角。色三角是由三原色为三角形的顶点形成的三角形,在这个三角区域内的所有颜色,都可以通过三原色混拼而成。三原色色三角就是在此三角形区域内选择有限的颜色来代表区域内三原色混拼后颜色的变化规律。研究色三角对于掌握染料混拼仿色有着重要的意义。因此我们在色三角的剖析中对色三角的结构、色相的变化、纯度的变化以及明度的变化进行研究,用来指导掌握颜色变化的方向,提高调色的水平。

一、色三角的结构分析(以图2-3 66色色三角图为例)

(1)色三角的三个顶点100、010、001为红黄蓝三原色(一次色)。

(2)三角形的三条边:橙色(红—黄)边:(100),910,820,730,640,550,460,370,280,190,(010);紫色(蓝—红)边:(001),109,208,307,406,505,604,703,802,901,(100);绿色(黄—蓝)边:(010),091,082,073,064,055,046,037,028,019,(001)共27个颜色为二次色(或叫两拼色、双拼色)

(3)66色三角有大小4个三角形:△100/010/001、△811/181/118、△622/262/226、△433/343/334。每个三角形有三条边,分别为橙色边、绿色边和紫色边。橙色边上蓝(形成灰度)的比例相等。如△622/262/226的橙色边622,532,442,352,262蓝的比例都是20%。由于蓝色与橙色互为余色,蓝色的比例越大,橙色的灰度就越大,因此这个橙色边也叫等蓝边(线)。同样,绿色边叫做等红边(线),紫色边叫做等黄边(线)。每个三角形的三条边就叫做等灰边(线)。仿色过程中如果确定了灰度,就确定了颜色在空间的这条直线了。见图3-5(a)。

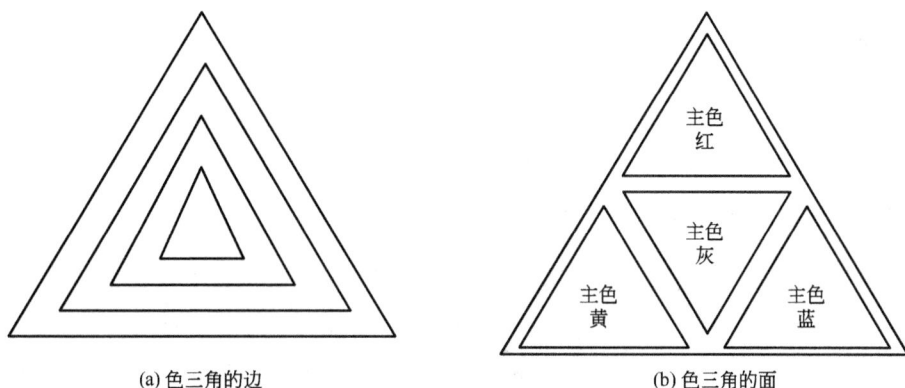

(a) 色三角的边   (b) 色三角的面

图3-5 色三角的区域划分

(4)在色三角中可以将颜色分为3大类共11种颜色,如表3-1所示。

按照以上划分贴样便于对颜色的剖析。也可以将色三角划分为4个小三角形区域:第一个三角形主色为红色,由100,640,604所围成的区域;第二个三角形主色为黄色,由010,460,064所围成的区域;第三个三角形主色为蓝色,由001,046,406所围成的区域;第四个三角形主色为灰色,由055,550,505所围成的区域。见图3-5(b)。

表 3-1　色三角的颜色分类表(点线面)

一次色(点)		100,010,001
二次色 (线)	橙色(9)	910,820,730,640,550,460,370,280,190
	绿色(9)	091,082,073,064,055,046,037,028,019
	紫色(9)	109,208,307,406,505,604,703,802,901
三次色 (面)	红灰(4)	811,622,721,712
	黄灰(4)	181,262,271,172
	蓝灰(4)	118,226,217,127
	橙灰(7)	451,541,361,631,352,532,442
	绿灰(7)	145,154,136,163,235,253,244
	紫灰(7)	415,514,316,613,325,523,424
	中灰(3)	433,343,334

二、配方与颜色的关系(以图 2-3 66 色色三角图为例)

1. 配方与纯度(C 值)之间的关系

(1)主色为红、黄、蓝(三原色)的纯度变化。红色 100,811,622,433;黄色 010,181,262,343;蓝色 001,118,226,334 随 C 值的变化如表 3-2 所示。

表 3-2　三原色的纯度(C 值)变化(深度 3%)

编号	100	811	622	433	010	181	262	343	001	118	226	334
C 值	58.64	32.20	20.72	10.09	84.39	36.62	20.50	12.25	16.80	10.25	4.75	4.30

上表可以看出,三原色黄色纯度最高,蓝色纯度最低;由于三原色的余色的加入纯度随之降低。

(2)主色为橙绿紫(二次色)的纯度变化。橙色 550,451,541,442;绿色 055,145,154,244;紫色 505,415,514,424 随 C 值的变化如表 3-3 所示。

表 3-3　主色为橙绿紫(二次色)的纯度 C 值变化(深度 1%)

编号	550	451	541	442	055	154	145	244	505	514	415	424
C 值	56.98	32.57	29.42	20.64	23.15	23.34	19.38	8.66	24.54	15.47	10.9	9.2

上表可以看出,辅色的成分(0%、10%、20%)增加,颜色的灰度增大(C 值下降);主色中纯度值高的成分较多的颜色纯度值较大,例如橙色 541 和橙色 451 由于后者高纯度的黄的比例较大,所以颜色的纯度值较高。

(3)二次色颜色纯度的变化。两拼色的纯度变化结果见图 3-6,其中纯度最低的颜色在 028 附近(闰土活性 RW 三原色深度 3%)。

需注意的是,三原色混拼的结果,其纯度不完全是越来越暗,而是要看混拼后颜色的走向,从图 3-6 可以看出,因为 028(蓝绿色)的纯度最低,那么在 028 附近的颜色,不管混拼蓝色还是红色,其颜色的纯度不但不会降低,反而会增加。也就是说色料混拼结果要看混拼前后增加的色料的颜色纯度,如果增加的色料的颜色纯度比混拼前的纯度高的话,那么混拼后颜色的纯度将比混拼前的纯度高。不能说三原色的纯度就比二次色的纯度高,二次色的纯度就比三次色的纯度高,也不可以笼统地说色料混合后纯度会降低。

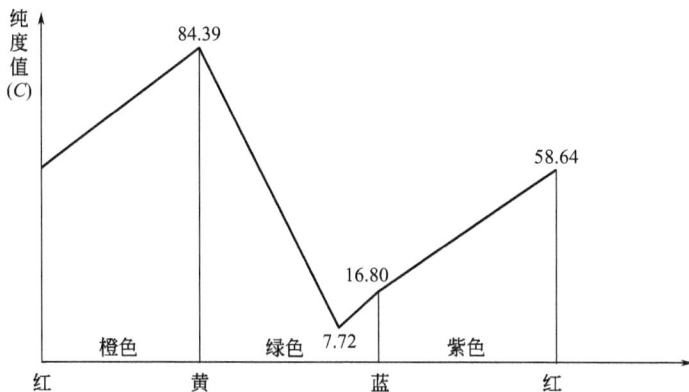

图 3-6 两拼色颜色纯度的变化(深度 3%)

(4)Lab 中性灰的 *myc* 值。Lab 中性灰是在 Lab 色度空间的中性灰。在 66 色色三角中,纯度最小的颜色,是最接近 Lab 中性灰的。三原色染料不同和染色深度不同所获得 Lab 中性灰的 *myc* 值都是不同的。Lab 中性灰的 *myc* 值为色三角中,纯度(C 值)最小的。例如活性 RW 染料在 3%的深度下 235 的 C 值最小 1.55,所以 3%深度下 Lab 中性灰的 *myc* 值为 235(近似值)。

2. 配方与亮度(L 值)之间的关系

(1)深度(N)相同,三原色配比(*myc*)不同时的亮度变化。在配方总浓度相同的情况下,变化三原色的配比,比较不同配比下颜色亮度的变化情况,见图 3-7。从图中可以看出,黄色 010 的亮度最高 65.39,紫色 307 的纯度最低 23.00;那么颜色靠近黄色 010 颜色亮度增加,颜色靠近紫色 307 颜色亮度值降低。这一点在看颜色深浅浓淡时要特别注意。因为靠近黄色方向有浅色效应,靠近紫色方向有深色效应。

(2)三原色配比(*myc*)相同,深度(N)不同的亮度变化。

在三原色配比相同的情况下,变化配方总浓度,比较不同总浓度的变化情况,见表 3-4(*myc* 灰即为红、黄、蓝三原色 1:1:1 等量混合)。

表 3-4 不同深度下三原色及 *myc* 灰的亮度(L 值)变化

浓度(%)	红	黄	蓝	灰	浓度(%)	红	黄	蓝	灰
0.05	76.25	82.7	74.51	76.55	0.80	52.9	72.75	42.55	45.73
0.075	74.18	82.38	71.06	73.3	1.20	49.31	82.7	38.24	41.05
0.10	71.97	81.74	68.19	70.58	1.60	47.49	70.06	34.52	38.25
0.15	68.46	80.32	64.7	67.82	2.40	42.27	68.74	28.25	31.23
0.20	66.73	78.48	61.5	64.39	3.20	40.72	66.51	25.03	27.72
0.30	64.61	77.07	58.54	60.17	4.80	36.43	65.65	20.59	22.82
0.40	62.09	75.96	54.72	57.22	6.40	34.88	62.82	18.71	20.58
0.60	55.61	75.04	46.62	50.22					

	100	
	39.89	

	910	901	
	41.68	30.33	

820	811	802
42.11	30.9	26.76

730	721	712	703
42.33	25.96	30.8	25.07

640	631	622	613	604
43.11	32.43	27.69	25.29	24.99

550	541	532	523	514	505
32.46	23.96	28.31	26.38	24.14	23.11

460	451	442	433	424	415	406
46.53	34.61	29.81	26.62	25.23	23.7	23.35

370	361	352	343	334	325	316	307
48.79	35.8	30.9	27.69	26.13	24.58	24.04	23

280	271	262	253	244	235	226	217	208
51.44	37.55	30.24	28.94	27.66	24.21	24.34	23.91	23.56

190	181	172	163	154	145	136	127	118	109
56.12	40.74	34.73	30.45	28.06	27.23	24.61	25.17	23.87	23.29

010	091	082	073	064	055	046	037	028	019	001
65.39	44.47	37.03	33.19	30.24	28.15	26.85	25.49	24.84	24.23	24.35

图3-7　染料浓度3%的亮度(L值)变化

　　从表中可以看出,在 myc 的配比相同的情况下,浓度越高,其亮度值越低,也就是说,在此情况下,颜色的深浅就是染料的浓淡。

3. 配方与色相(H值)之间的关系

(1)三原色在不同深度下的色相变化见表3-5。

表3-5　活性 RW 染料红、黄、蓝色相随浓度的变化情况

浓度(%)	红	黄	蓝	浓度(%)	红	黄	蓝
0.05	350.4	79.44	238.71	0.80	359.17	69.96	245.4
0.075	350.56	78.5	240.65	1.20	0.35	79.44	246.9
0.10	351.54	77.52	240.89	1.60	2.47	68.15	248.43
0.15	351.76	75.96	241.94	2.40	6.6	66.86	252.11
0.20	353.53	74.83	241.89	3.20	8.46	65.19	254.43
0.30	354.39	73.22	242.23	4.80	13.21	64.26	259.95
0.40	355.18	72.58	242.79	6.40	15.12	61.74	262.13
0.60	357.4	71.86	244.3				

上表中可以看出,红色浓度增加,红色中的蓝光逐渐减少;黄色浓度增加,颜色的红光越来越重;蓝色随着浓度的增加,黄光逐渐减少。

(2)不同深度下 *myc* 灰的色相变化见表3-6。

表3-6 *myc* 灰随染色深度的色相变化情况

染色深度(%)	0.1	0.2	0.4	0.6	0.8	1.2	1.6	2.4	3.2	4.8	6.4
H 值	48.77	58.71	58.99	50.19	50.22	50.58	43.44	43.44	27.85	18.8	15.11

从上表可以看出,在浅色区1.2%以下,色相角较大,颜色明显偏橙光;中色后颜色的色相角变小,颜色红光逐步增加。

从以上情况看,颜色随浓度的增加,其色相角有趋零的倾向,即色光偏红。

任务三 看色估配方

一、相关颜色概念

1. 强色与弱色

强色就是色相中的深色,弱色就是色相中的浅色。根据歌德的研究,色相环上的色彩在面积相等,而且认为最纯的时候,按明暗强度达到平衡的数字,制订出颜色的亮度比值为黄9、橙8、红6、绿6、蓝4、紫3。也就是说黄色最浅,紫色最深。在仿色中可以将蓝色、紫色作为强色,黄色、橙色作为弱色,其强弱可以根据其亮度值表示。

在仿色中增加弱色(一般是黄橙色或颜色偏向黄光)有浅色效应,增加强色(一般是紫蓝色或偏向紫蓝色)有深色效应。

2. 同类色与对比色

在色彩的色相对比中,同类色就是在色相环中相近的颜色。如大红与橙色、紫色与玫红等。对比色表示在色相环中相距较远的颜色。距离最远的(180°角)为相反色或余色;较远的(如120°角)为强对比;较近的(如90°角)为中差对比;色相差为60°角左右为类似色对比或叫姊妹色;色相角相差小于30°时则为同类色。他们反映了颜色与颜色之间的对比关系。对比弱的颜色混合后色相变化不大,对比强烈的颜色(余色)混合后色相变化最大。

3. 主色与辅色

在三原色的仿色配方中,根据每种染料所占的比例不同,分为主色(料)和辅色(料)。主色确定颜色的基本色相,辅色确定颜色的灰度(鲜艳度)。

(1)对于三原色的单色来说,只有主色没有辅色。

(2)对于二次色(就是橙绿紫)来说:

橙(红—黄)色偏红光,主色就是红,辅色就是黄;橙(黄—红)色偏黄光,主色就是黄,辅色就是红。

绿(蓝—黄)色偏蓝光,主色就是蓝,辅色就是黄;绿(黄—蓝)色偏黄光,主色就是黄,辅色就是蓝。

紫(红—蓝)色偏红光,主色就是红,辅色就是蓝;紫(蓝—红)色偏蓝光,主色就是蓝,辅色就是红。

(3)对于三次色来说:

红灰的主色就是红,辅色就是黄蓝(绿,红的余色)

黄灰的主色就是黄,辅色就是红蓝(紫,黄的余色)

蓝灰的主色就是蓝,辅色就是红黄(橙,蓝的余色)

橙灰的主色就是红黄(橙),辅色就是蓝(橙的余色)

绿灰的主色就是黄蓝(绿),辅色就是红(绿的余色)

紫灰的主色就是红蓝(紫),辅色就是黄(紫的余色)

中性灰红、黄、蓝基本平衡,没有明显的主色或辅色。见表3-7。

表3-7　三次色的主色辅色

颜色	红灰	黄灰	蓝灰	橙灰	绿灰	紫灰	中性灰
主色	红色	黄色	蓝色	橙色	绿色	紫色	—
辅色	绿色	紫色	橙色	蓝色	红色	黄色	—

4. 敏感色和非敏感色

敏感色与非敏感色,是根据颜色相同色差值在目测时色差感觉有较大差异的特性来确定的。敏感色系的 ΔE_{CMC} 在0.3以上时,目测即可看出色差;中等程度敏感色系的 ΔE_{CMC} 在1.0以上时,目测才能看出色差;但不敏感色系的 ΔE_{CMC} 甚至大于1.5时,目测仍分辨不出色差。

(1)敏感色系。敏感色系可以看成是灰度比较大的颜色。在颜色配方中,红、黄、蓝的比例比较接近。如米色、灰色、咖啡色、棕色、橄榄色等,色差 ΔE_{CMC} 在0.4以上,目测即能看出色差。

敏感系特点是颜色随浓度的变化而变大,只要拼色染料中有一只染料浓度有变化都可使该色变色,甚至脱离原来色系。

敏感区内调色要谨慎,需多方考虑。一般敏感区调色光时尽量不要只调整一只染料,且染色浓度调整范围一般在所用染色浓度5%以下。

(2)非敏感色系。非敏感色系是指对拼色染料调整浓度较大时,在色泽深浅上变化不大的颜色。该色系主要是由红色和黄色拼混得到的颜色。

对非敏感色系颜色打样时,染色浓度调整幅度可适当扩大。如一个偏红光的橙,需通过加黄色染料的浓度来削弱红光时,可直接将黄色染料浓度在原基础增加20%以上,甚至有时增加50%才能将红光调整过来。

二、看色估配方

调色的过程就是确定颜色配方的过程。颜色配方有初始配方、调整配方和OK配方。怎样由初始配方变成OK配方,减少中间调整配方的次数,与初始配方的准确性关系很大。

1. 看色估配方的步骤

(1)主色为二次色。看颜色深度确定染色深度(N)→再看颜色灰度确定辅色的浓度(确定

形成灰度的染料的 myc 值)→最后看色相确定主色的用料浓度(确定 myc 值中余下的参数)

(2)主色为原色。看颜色深度确定染色深度(N)→再看色相确定主色的用料浓度(主色的 myc 值)→最后看颜色灰度确定辅色的浓度(确定形成灰度的染料的 myc 值)

由于颜色种类不同,确定 myc 值的方法也不尽然。

2. 单色与二次色的看色估方

单色与二次色的看色估方较为简单,按照三步法程序分一步或两步进行即可。

(1)单色(三原色)只要确定染色深度 N 即可。因为单个染料的 myc 值为 100%,N 即为配方。例如某染料的单色红,染色深度确定 1.2%,那么该颜色的配方就是:

染料红 1.2%

染料黄 0%

染料蓝 0%

(2)二次色确定染色深度后,根据主辅色的判断,确定主辅色的分配比例即可。例如:某绿(黄—蓝)色,深度确定为 1.0%,黄为主色,确定黄、蓝比例为 65% 和 35%,那么其配方为:

染料红 0%

染料黄 $1.0\% \times 65\% = 0.65\%$

染料蓝 $1.0\% \times 35\% = 0.35\%$

3. 红(黄蓝)灰的看色估方

红灰是主色为三原色红、黄、蓝,辅色为绿灰、紫灰、橙灰。这些灰色的主色调是三原色(红、黄、蓝),其 myc 值在 60% 以上。这类颜色,主色为一次色,辅色为二次色。对于这类颜色看色开方:

(1)红灰。在 66 色色三角中,红灰包括 811,721,712,631,613,622 6 个颜色。对于红灰,首先还是确定颜色的深度 N,然后确定红的 myc 值是多少,最后判断形成灰度的绿色(辅色)的分配比例。例如,某一红灰,确定染色深度为 2%,其中红占 85%,那么黄—蓝就占 15%,根据红灰偏黄还是偏蓝,确定黄、蓝的分配比例,假设确定黄较多为 60%,那么蓝为 40%,则该红灰的配方如下:

染料红 $\qquad$ $2\% \times 85\% = 1.7\%$

染料黄 $\qquad$ $2\% \times 15\% \times 60\% = 0.18\%$

染料蓝 $\qquad$ $2\% \times 15\% \times 40\% = 0.12\%$

(2)黄灰。在 66 色色三角中,黄灰包括 181,172,271,163,361,262 6 个颜色。对于黄灰,首先还是确定颜色的深度 N,然后确定黄的 myc 值是多少,最后判断形成灰度的紫色(辅色)的分配比例。例如,某一黄灰,确定染色深度为 2%,其中黄占 85%,那么红—蓝就占 15%,根据黄灰偏红还是偏蓝,确定红、蓝的分配比例,假设确定红较多为 60%,那么蓝为 40%,则该黄灰的配方如下:

染料红 $\qquad$ $2\% \times 15\% \times 60\% = 0.18\%$

染料黄 $\qquad$ $2\% \times 85\% = 1.7\%$

染料蓝 $\qquad$ $2\% \times 15\% \times 40\% = 0.12\%$

（3）蓝灰。在 66 色色三角中,蓝灰包括 118,217,127,316,136,226 6 个颜色。对于蓝灰,首先还是确定颜色的深度 N,然后确定蓝的 myc 值是多少,最后判断形成灰度的橙色(辅色)的分配比例。例如,某一蓝灰,确定染色深度为 2%,其中蓝占 85%,那么红—黄就占 15%,根据蓝灰偏红还是偏黄,确定红、黄的分配比例,假设确定红较多为 60%,那么黄为 40%,则该蓝灰的配方如下:

染料红	2%×15%×60% = 0.18%
染料黄	2%×15%×40% = 0.12%
染料蓝	2%×85% = 1.7%

4. 橙(绿紫)灰的看色估方

橙(绿紫)灰主色为二次色橙、绿、紫,辅色为三原色红灰、黄灰、蓝灰。这些灰色主色调(橙、绿、紫)比较清楚,其 myc 值在 80% 以上(或灰度辅色在 20% 以下)。与红灰相反,这类颜色的主色为二次色,辅色为一次色,对于这类颜色看色开方:

（1）橙灰。在 66 色色三角中,橙灰包括 541,451,442,352,532 5 个颜色。对于橙灰,首先还是确定颜色的深度 N,然后确定辅色蓝的 myc 值是多少,即灰度,最后判断形成橙色(主色)红—黄的分配比例。例如,某一橙灰,确定染色深度为 2%,其中蓝占 15%,那么红—黄就占 85%,根据橙灰偏红还是偏黄,确定红、黄的分配比例,假设确定红较多 60%,那么黄为 40%,则该橙灰的配方如下:

染料红	2%×85%×60% = 1.02%
染料黄	2%×85%×40% = 0.68%
染料蓝	2%×15% = 0.3%

（2）绿灰。在 66 色色三角中,蓝灰包括 145,154,244,253,235 5 个颜色。对于绿灰,首先还是确定颜色的深度 N,然后确定红的 myc 值是多少,即灰度,最后判断形成绿色(主色)黄—蓝的分配比例。例如,某一绿灰,确定染色深度为 2%,其中(灰度)红占 15%,那么黄—蓝就占 85%,根据绿灰偏蓝还是偏黄,确定蓝、黄的分配比例,假设确定蓝较多 60%,那么黄为 40%,则该绿灰的配方如下:

染料红	2%×15% = 0.3%
染料黄	2%×85%×40% = 1.68%
染料蓝	2%×85%×60% = 0.02%

（3）紫灰。在 66 色色三角中,蓝灰包括 415,514,424,325,523 5 个颜色。对于紫灰,首先还是确定颜色的深度 N,然后确定黄的 myc 值是多少,即灰度,最后判断形成紫色(主色)的分配比例。例如某一紫灰,确定染色深度为 2%,其中(灰度)黄占 15%,那么红—蓝就占 85%,根据紫灰偏红还是偏蓝,确定红、蓝的分配比例,假设确定红较多 60%,那么蓝为 40%,则该蓝灰的配方如下:

染料红	2%×85%×60% = 1.02%
染料黄	2%×15% = 0.3%
染料蓝	2%×85%×40% = 0.68%

5. 中性灰的看色估方

中性灰是灰度比较大(灰度 *myc* 值大于 20%)的各种灰色。其特点是主色不明显。那么按照一般的三步法确定配方比较困难。对于这类颜色,必须根据所选用染料中性灰基本色样的 *myc* 值来估计配方。

(1)根据 myc 灰(红黄蓝等比例混合)的颜色趋向,确定中灰的 *myc* 值从而确定配方。例如活性 RW 红黄蓝的 myc 灰为橙灰色,那么中性灰的 *myc* 值中必须增加 *c* 值减少 *m*、*y* 值。那么中灰的配方可能是在 334,325,235,226 这些数据中进行变化。

(2)根据 Lab 灰(纯度值 *C*≤0.4)的 *myc* 值和中灰标样的颜色趋向确定配方。例如活性 RW 红黄蓝在深度为 1% 下的 Lab 灰的 *myc* 值为 226(近似),中灰标样的颜色趋向红色,那么估计配方就在 226 基础上减少 *y*、*c* 值或增加 *m* 值即可。

(3)仔细确认中灰的颜色趋向后按照 3、4 的方法进行。

三、看色估配方的训练

1. 自制色棋

进行看色估配方的训练必须准备相应的色样,这些色样的来源一是基础色样(单色样与色三角样)和仿色训练色样。为了训练的方便和规范,将基础色样做成色棋,或将仿色训练色样做成色卡。

(1)色棋的制作流程。

基础色样的染色与检验→制作方形棋盘→制作圆形棋子→贴样修剪。

(2)基础色样的染色与检验。见模块二项目二下的任务四基础色样工艺设计。

(3)制作方形棋盘。方形棋盘由模板和铁皮构成。铁皮的颜色应该选用灰色,木质棋盘用厚度为 20~30mm 的铁皮,通过边框用钉子固定,注意要保证棋盘平整。棋盘的大小由棋子的大小来确定,至少应该放下两个 66 色色三角。棋盘结构示意图如图 3-8 所示。

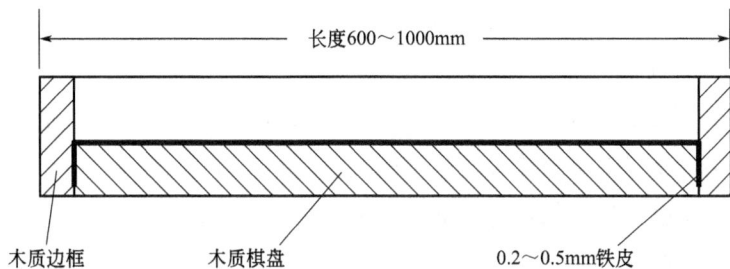

长度600～1000mm

木质边框　　　木质棋盘　　　0.2~0.5mm铁皮

图 3-8　棋盘结构示意图

(4)制作圆形棋子。棋子一般为圆形,用广告塑料板材料。可在广告店制作加工。磁性橡胶厚度 1mm 左右,剪成大小同棋子的圆形并粘贴在棋子上。色棋结构见图 3-9。棋子的数量根据色样的多少来确定。

(5)贴样修剪。将色样直接粘贴在棋子上,然后按照棋子的形状修剪即可。做好的色棋如图 3-10 所示。有必要的话,在色棋的背面进行编号。

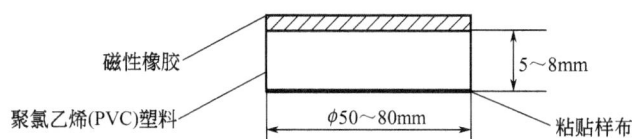

图 3-9　色棋结构示意图

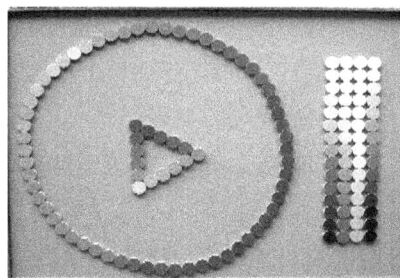

图 3-10　仿色训练磁性色棋

2. 色棋训练方法

（1）颜色深浅排列法。用红、黄、蓝、灰的深度样色棋进行颜色深度的排列。包括同色深度排列和不同颜色的深度（其实就是浓淡）排列。例如，按红、黄、蓝、灰的顺序由浅至深进行颜色的深浅排列，如表 3-8 所示。

表 3-8　颜色深浅排序表　　　　　　　　　　　　　单位：%,owf

排列顺序	1	2	3	4	5	6	7	8	9	10	11	12	13	14	15
owf	0.05	0.1	0.2	0.4	0.8	1.0	1.5	2.0	2.5	3.0	3.5	4.0	4.5	5.0	5.5
颜色	红	黄	蓝	灰	红	黄	蓝	灰	红	黄	蓝	灰	红	黄	蓝

（2）深度训练法。任意拿出一个深度色棋，立即说出它的深度（%,owf）。

（3）色三角还原法。将色三角打乱，然后按照色三角的排序进行还原。

（4）myc 值训练法。在色三角中任意拿出一个色样，立即说出它的 myc 值及其深度值 N。

（5）快速找样法。给出一个颜色的色号（myc 值）快速找到这个颜色。如给定色号为 217，立即想这个颜色应该为紫灰色，然后立即找出 217 这种颜色。

3. 仿色样卡训练方法

在基础色样的色棋训练过关的基础上可以进入仿色样卡训练。仿色训练色卡是在仿色过程中产生的。作为训练样卡必须要求仿色操作稳定，配方与色样高度一致。否则会出现错误导向。训练方法就是将已知配方的仿色样卡作为标样，针对标样进行模拟开方，开方后检查与标样配方的差距，反复训练有助于提高看样固色的水平。

（1）依靠基础色样开方。在拿到标样后，通过深度样确定配方的总的深度，然后利用色三角（深度接近）找到标样在色三角中的大概位置，最后写出配方。

例如，标样接近深度 2%，色三角中的位置为 253 偏蓝，那么适当增加 c 值（例如增加到 36%）后 myc 值设计为 20%，44%，36%，则计算配方如下：

$$红\ 2\% \times 20\% = 0.4\%$$

$$黄\ 2\% \times 44\% = 0.88\%$$

$$蓝\ 2\% \times 36\% = 0.72\%$$

（2）直接或根据三原色写出配方。在非常熟悉染料色三角和深度样的基础上可以进行直接写出配方训练或仅仅使用三原色样进行写出配方训练。

4. 配方的书写方法

不管印花还是染色,其仿色配方中所包含的成分不外乎就是染料(或涂料)、助剂、水(或印花原糊)。仿色的方法不同,配方的书写方法也不同。

（1）配方浓度的表示。

①浸染仿色配方。浸染又称作竭染,织物上的染料与配方中的染料量直接相关;对于助剂来说助剂的量与染液的体积有关。所以浸染仿色配方采用 owf 浓度(染料对织物质量的百分浓度)和 g/L 浓度表示。染料浓度用 owf 来表示,助剂(除阳离子匀染剂外)浓度用 g/L 来表示。如某活性染料的浸染配方:

染料(owf)	$x\%$
食盐	25g/L
纯碱	10g/L

②轧染仿色配方。轧染的仿色配方不受所染织物质量的影响,只与仿色所配置染液的体积有关,所以轧染仿色采用 g/L 浓度,即染料助剂都采用 g/L 表示。

③印花仿色配方。印花色浆的配制一般都是以印花原糊(或增稠剂)作为载体,印花原糊的量一般以质量表示。所以印花仿色配方采用质量百分浓度。即配方中各种成分对色浆总质量的百分比来表示,如某活性染料直接印花配方:

活性染料	$x\%$
尿素	5%～15%
防染盐S	1%
热水	适量
海藻酸钠	70%
小苏打	1%～2%
水	适量

（2）染料的排列次序。上述配方的书写在实际仿色中比较麻烦。在仿色基本工艺中,配方的助剂部分是规定好的,在某一染料浓度范围内一般是固定的。因此仿色配方可以简化为选用染料的配方。那么,配方中染料(一般3只,少数情况下最多4只,最少也有2只)的次序怎样排列呢? 一般有4种次序可供参考选择:

①蓝红黄(CMY)次序。这种次序按照颜色的强弱排列的。强色(或深色)在前面,弱色(或浅色)在后面。

②黄红蓝(YMC)次序。这种次序与蓝红黄相反,将弱色(或浅色)排在前面,强色(或深色)排在后面。这两种排列方法与采用色三角样来进行颜色分析和仿色训练的习惯有关。

③红黄蓝(MYC)次序。这种次序受 RGB 颜色模式的影响,将颜色按照波长的长短顺序进

行排列。因为在口头习惯光的三原色称作红绿蓝,色料的三原色称作红黄蓝(其实是品黄青)。

④主辅次的排列次序。这种排列没有固定的顺序,因色而异。在配方中作为主色的染料排在第一位,作为辅色(调色相)的染料排在第二位,作为次色(调灰度)的染料排在第三位。

在以上染料的排列方法中,对于色调比较鲜明的颜色,建议使用第四种方法,突出主色。对于色调不是很明显的颜色(即灰度比较大的颜色)则可以在1~3的三种方法中任选一种即可,只要符合颜色思维的习惯即可。

(3)关于配方的精度。在确定配方时,经常会遇到染料用量的精度问题。一般来说,染色配方的精度要求为1%。也就是在配方中染料用量要求精确到3位有效数(详见模块三项目三仿色技巧)。例如1.30,12.6,0.00245。

注意是精确到三位有效数,而不是保留到小数点后三位数。只有这样才能保证配方的误差小于1%。例如,0.10132为五位有效数,保留三位即为0.101,那么处理后的相对误差为0.00032/0.10132=0.32%<1%。

任务四 看色调配方

一般来说,第一板配方打样下来的颜色与标样或多或少都有色差,而且不能达到允许的色差范围。因此,必须对第一板的配方进行调整,使试样与标样之间的色差达到允许范围。看色调配方是色差判断能力、染色工艺能力、实践经验等的综合运用。

仿色技术的核心就是调方,通过对配方m、y、c值和N值的调整最后在浓度色立体中染出与标样相似的颜色。配方的调整包括定性调整和定量调整。

定性调整就是在模块一看色的基础上确定正确的调整方向,如深度加成或减成;灰度是增加或是减少;色相是加(减)红还是加(减)黄或是加(减)蓝等。

定量调节就是在定性的基础上确定增加或减少的量(一般为百分数)。

调方的一般步骤是:比对色样,审核配方→调节配方的深度(N)→调节颜色的纯度(辅色)→调节颜色的色相(主色)。即先调深度,再调纯度最后调色相。也就是说先将立体的三维问题通过深度的确定变为平面的二维问题,再通过灰度的确定将平面的二维问题变成线性的一维问题。

例如某绿灰色,假设先确定深度为2%,那么这个绿灰色在浓度色立体中的位置就变成了浓度为2%的色三角平面问题;在二维的色三角平面中,假设确定灰度红的比例为18%,那么剩下82%就是黄—蓝线性的一维问题(即两拼色问题)。

一、比对色样,审核配方

调方的第一步就是核对试样与配方,审查色样与配方之间的关系是否正确。避免由于操作错误造成对颜色调整的误导。

对于第一板的试样首先要看试样与写出的配方所用的参考样之间的色差。如果色差太大,就要检查打样过程中是否有失误,仔细检查操作过程,发现问题即时纠正(常见的问题有:染料母液浓度不对、吸料错误、助剂错误等)。

对于第一板以后的试样,就要比对试样与前一板试样之间的色差与配方调整的初衷是否一致。其中包含两个问题:第一,颜色调整的方向是否正确,主要是在灰度和色相的调整方面比较容易出现。如绿灰色增加了红的比例,那么颜色应该更加灰暗,否则就是操作出了问题;第二,配方虽然进行了调整,但是试样的颜色没有什么变化,一般原因是调整的幅度太小,如深度调节5%以下,一般对深度影响不明显。

二、配方深度(N)的调整

颜色深度的调节就是把配方中所有染料的浓度相加得到染料总用量,然后对染料总量按百分比进行增减。例如某试样的配方为:

活性红 RW(owf)	1.40%
活性黄 RW(owf)	0.350%
活性蓝 RW(owf)	0.680%

比对颜色后觉得试样深度偏浅,需要加成15%。那么深度调整计算与结果如下:

活性红 RW	1.40%+1.40%×15%=1.61%
活性黄 RW	0.350%+0.350%×15%=0.403%
活性蓝 RW	0.680%+0.680%×15%=0.782%

也可以直接将各染料浓度乘以115%。

颜色偏浅,则染料总量增加;颜色偏深,染料总量减少。增减的幅度根据颜色深度的差别确定。差别大的增减30%、50%甚至100%;差别小的增减10%、5%。一般在5%以下的调整,颜色的深度变化不明显,但也要注意由于颜色深度变化,带来微量的色光变化。并要预先考虑这一色光变化带来的深色或浅色效应,一般来说深度增加颜色偏红光。具体见颜色深度与色相的变化色样。

深度调整的方向确定后,怎样确定加成、减成的幅度呢?这就需要我们建立颜色量与染料量之间的对应关系。为了确定这一对应关系,可以用深度样和染色特性样进行训练。

1. 深度样与加减成率

用深度色样进行颜色深度加减成训练,建立颜色深度的量的概念。深度样之间的加减成关系如表3-9所示。

表3-9 深度样之间的加减成关系

浅色	浓度(%)	0.05	0.1	0.2	0.4	0.8
	加减成率(%)	+100	+100	+100	+100	+25
		0	−50	−50	−50	−50
中色	浓度(%)	1.0	1.5	2.0	2.5	3.0
	加减成率(%)	+50	+33.3	+25	+20	+16.7
		−20	−33.3	−25	−20	−16.7
深色	浓度(%)	3.5	4.0	4.5	5.0	5.5
	加减成率(%)	+14.3	+12.5	+11.25	+10	+0
		−14.3	−12.5	−11.25	−10	−9.1

2. 染料总量的加减成特性

为了配合训练,可以制作染料总量加减成特性样。即深度调整样卡,如表3-10所示。

建议采用中灰作为初始样,浅中深色的浓度分别设计为0.5%、2%和4%。深度加减成数分别为±1%、±5%、±10%、±20%、±30%。测量加减成后颜色的色差值,确定深度调整的起始量。训练时根据表中颜色的色差来确定加减成数。

表 3-10   深度调整样卡

调整(%)	+30	+20	+10	+5	+1	0	-1	-5	-10	-20	-30
浅灰											
中灰											
深灰											

三、颜色纯度(C)的调整

从图3-2可知,三原色浓度三角形有三个颜色区域,即紫灰△MCK和橙灰△MYK及绿灰△CYK。在这三个区域中由于紫灰、橙灰和绿灰线将其划分为红灰区与蓝灰区、红灰区与黄灰区、蓝灰区与黄灰区。每个区的颜色配方组成都有相应的规律。这些区域的颜色越接近三角形的中心,其灰度就越大,颜色的调整就越困难。

1. 对于灰度小的颜色(颜色比较接近二次色)

对于这类颜色可以先按照二拼色染出试样的色相,然后再调节纯度。注意调整灰度增加了染色深度,那么在原二拼色的染料中按比例减少。但是染料用量只增加了5%,一般不会对深度有太大影响,也可以不用改变。

也可以用基础色样(色三角形),在灰度线上找到相近的灰度值,确定灰度染料的浓度比例,一般在5%左右。

2. 对于中等灰度的颜色(灰度染料的分配系数在5%~20%)

根据颜色的余色原理,对于橙灰色系列的颜色,用蓝色来调节颜色的灰度;对于绿灰色系列的颜色,用红色来调节颜色的灰度;对于紫灰色系列的颜色,用黄色来调节颜色的灰度。由于染料三原色不是光学意义上的CMY,灰度调节也会改变颜色的色相,这要根据所选三原色的色光来确定。如染料三原色的黄色一般都不是嫩黄,颜色明显偏红光。那么加黄调节灰度的同时色相会偏向橙光或红光。

中等灰度的颜色,其灰度的调整方法基本同都低灰度的颜色。但是要注意不同的三原色,由于色光的问题,灰度对于颜色的影响较大,而且要注意强弱颜色对颜色深度的影响。用黄色调整灰度会有浅色效应,用蓝色调整灰度会有深色效应。

3. 对于敏感颜色(灰度比较大,主色、辅色和次色的比例非常接近)

因为敏感色灰度大,染料用量比较接近,这时灰度调节已经不重要了。主要是色相的调节或者是纯度和色相一起调节。也就是说颜色的色相不是很明显的时候,调节纯度应该与调节色相同时进行,因此难度就比较大一些。

首先要了解三原色获得中性灰的染料分配比例,如红/黄/蓝为 35/25/40。基本上是按照强色至弱色的顺序递减的。也就是说在这样一个比例下,颜色没有突出的色相。如果三原色的比例相同的话颜色应该偏橙光。

在中性色的染料分配比例的指导下,根据所仿色的颜色色相做出调整。如果所仿色的颜色色相偏红光,那么可以调整配方为红/黄/蓝为 40/25/35。

也可以直接使用基础色样的色三角直接比对,找出相近的颜色进行调整。

注意在调整配方的过程中,35/25/40 的比例组成中性灰色(7/5/8),打破这个比例后颜色的走向是在此基础上进行分析。如上例中偏红光的灰中红/黄/蓝为 40/25/35,比较中性灰的比例,红和黄相对于蓝都有增加,因此这个颜色调整后是偏橙光的。

4. 利用等灰线识别灰度(辅色比例)

在 66 色色三角中若干等灰线,在等灰线上颜色的灰度是相等的。

(1)橙色等灰:(二次色)910,820,730,640,550,460,370,280,190

(蓝 10%)721,631,541,451,361,271

(蓝 20%)532,442,352,(45/35/20,35/45/20)

(蓝 30%)(35/35/30,32/38/30,34/36/30,36/34/30,38/32/30)

(2)绿色等灰:(二次色)091,082,073,064,055,045,037,028,019

(红 10%)172,163,154,145,136,127

(红 20%)253,244,235,(20/45/35,20/35/45)

(红 30%)(30/35/35,30/32/38,30/34/36,30/36/34,30/38/32)

(3)紫色等灰:(二次色)109,208,307,406,505,604,703,802,901

(黄 10%)217,316,415,514,613,712

(黄 20%)325,424,523,(35/20/45,45/20/35)

(黄 30%)(35/30/35,32/30/38,34/30/36,36/30/34,38/30/32)

由于色三角中,灰度越大,等灰的颜色就越少。为了训练需要,可以在灰度较大的(20%、30%)等灰线上增加一些颜色(见上面括号内的颜色)。利用这些颜色样训练对颜色灰度的感知能力。

5. 灰度调整幅度的确定

为了便于精确掌握灰度的调整幅度,有必要建立一些灰度特性色样,建议选择有代表性的颜色如:442(橙灰)、244(绿灰)和 424(紫灰)进行灰度的变化染出灰度调整训练色样,具体参考配方如表 3-11 灰度调整样卡所示。

表 3-11 灰度调整样卡

加减成数(%)	+30	+20	+10	+5	+1	0	-1	-5	-10	-20	-30
442											
244											
424											

四、颜色色相(H)的调整

将纯度调节好后,色相的调节就简单了。三个未知数中已经知道了一个(纯度染料),又知道三个未知数的总和,那么剩下的两个未知数就好确定了。相当于二拼色的配方调整。

色相调整就是调整颜色的黄蓝(绿)、红黄(橙)和红蓝(紫)。在作色相调整时要注意色相的变化会对灰度产生影响。例如,三原色纯度最高的是黄色、最低的是蓝色,如果在作纯度调整时增加黄色染料,颜色的纯度会增加,反之,增加蓝色染料,颜色的纯度会降低。

色相调整的幅度可以通过色三角色样进行训练,也可以制作配方与色相关系色样进行训练。

1. 利用色三角色样训练

(1)色三角二拼色样。在二拼色中,以橙色(红黄)为例,从910至190染料调整幅度如表3-12所示。

表 3-12 红黄调整幅度与橙色的颜色变化

myc 值		910	820	730	640	550	460	370	280	190
调整幅度	红(%)	—	-11	-12.5	-14.3	-16.7	-20	-25	-33.3	-50
	黄(%)	—	+100	+50	+33.3	+25	+20	-16.7	-14.3	-12.5

通过上表大致形成染料调整比例的量的概念。从表中可以看出,染料浓度低的调整幅度会大一些,染料浓度高的调整幅度会小一些。因而调方时优先调整浓度较低的那只染料。

(2)色三角三拼色样。三拼色中选择622,532,442,352,262等橙灰色进行研究,从622至262染料调整的幅度如表3-13所示。

表 3-13 红黄调整幅度与橙灰色的颜色变化

myc 值		622	532	442	352	262
调整幅度	红(%)	—	-16.7	-20	-25	-33.3
	黄(%)	—	+50	+33.3	+25	+20

2. 制作典型颜色配方调整幅度样

为了便于确定染料调整幅度与颜色的关系,提高颜色微调能力,有必要制作典型颜色配方调整幅度样,对在调整配方时调整幅度的正确选择有指导意义。典型颜色仍然是橙灰442、绿灰244和紫灰424,幅度变化设计如表3-14所示。

表 3-14 色相调整样卡

调整幅度(%)		+30	+20	+10	+5	+1	0	-1	-5	-10	-20	-30
橙灰442	红(%)											
	黄(%)											
绿灰244	黄(%)											
	蓝(%)											
紫灰424	红(%)											
	蓝(%)											

五、配方调整方法举例

通过看色估配方确定了初始配方,再按照初始配方及其仿色基本工艺进行仿色打样,然后根据初始配方的打样结果与标样的比对进行配方的调整。

初始配方的形成是先确定颜色深度(N),然后再确定 myc 值,最后通过计算得出红黄蓝染料的浓度。初始配方(也就是第一板)是设计出来的,也可以在颜色索引中调出。

现在要对初始配方进行调整就是要对配方中各染料的浓度进行加减。所以调整后的配方(第二板及以后的配方)是在初始配方或前一板配方的基础上调整后形成的。染料加减的方法一般采用百分比加减法,即加成法或减成法。

例一:二拼色(橙红)的配方调整。

表 3-15　橙红浸染拼色单 1

橙红色		第一板	第二板	第三板
颜色配方(owf)	红(%)	0.800		
	黄(%)	0.200		
色差描述		1. 深度偏浅 2. 色光偏红		
调整方案	总浓度(%)			
	红(%)			
	黄(%)			

调整步骤与方法:

(1)先根据对颜色的描述和判断。结果是深度偏浅,色光偏红。

(2)然后确定调整方案。对于深度偏浅,则增加染色深度(N),拟增加20%。

(3)对于色光偏红,有三种方案,即减红、加黄、减红同时加黄:

① 在深度不需要调整的情况下,选择减红同时加黄。而且增加的和减少的量必须相等。

② 在深度需要调整的情况下,考虑单独减红或加黄。但必须注意,增加或减少的量不要影响深度太多。一般应控制在±5%以内。

对于本例则属于第二种情况,为了减少对深度的影响,采取加黄的方案。拟增加黄20%。

(4)调整配方的计算:

红:0.8%×(100%+20%)= 0.96%

黄:0.2%×(100+20%+20%)= 0.28%

调整后深度为1.24%,相对期望值为1.2%,误差小于5%。如果调整后的深度误差超出了范围则要对其进行比例增减。配方调整结果见表3-16。

表 3-16　橙红浸染拼色单 2

橙红色		第一板	第二板	第三板
颜色配方(owf)	红(%)	0.800	0.960	
	黄(%)	0.200	0.280	

续表

橙红色		第一板	第二板	第三板
色差描述		1. 深度偏浅 2. 色光偏红	—	
调整方案	总浓度(%)	+20		
	红(%)	0		
	黄(%)	+20		

例二：三拼色(绿灰色)的配方调整。绿灰色浸染拼色单 1 如表 3-17 所示。

表 3-17　绿灰色浸染拼色单 1

绿灰色		第一板	第二板	第三板
颜色配方(owf)	红(%)	0.200		
	黄(%)	0.900		
	蓝(%)	0.900		
色差描述		1. 颜色深度适当 2. 颜色灰度不够		
调整方案	总浓度(%)			
	红(%)			
	黄(%)			
	蓝(%)			

调整步骤与方法：

(1)先根据对颜色的描述和判断。结果是颜色深度适当、颜色灰度不够。

(2)对于颜色深度适当，即颜色深度不需要调整，染料总量不变。

(3)对于颜色灰度不够，就是说红光不够，因为红在绿色中的作用是调节灰度。对于调节灰度的染料一般是辅料，用量较少，应该直接加减，即灰度太大直接减成，灰度不够直接加成。不可以通过主色来间接调整灰度。本例的红染料拟加成 50%，其他不变。

(4)调整配方的计算：

红：$0.2\% \times (100\% + 50\%) = 0.3\%$

黄：0.9%

蓝：0.9%

调整后深度为 2.1%，相对期望值为 2%，误差等于 5%。超出了深度误差范围需要调整深度，调整的方法就是将所有染料浓度都减成 5%：

红：$0.3\% \times (100\% - 5\%) = 0.285\%$

黄：$0.9\% \times (100\% - 5\%) = 0.855\%$

蓝：$0.9\% \times (100\% - 5\%) = 0.855\%$

配方调整结果见表 3-18。

表 3-18　绿灰色浸染拼色单 2

绿灰色		第一板	第二板	第三板
颜色配方(owf)	红(%)	0.200	0.285	
	黄(%)	0.900	0.855	
	蓝(%)	0.900	0.855	
色差描述		1. 颜色深度适当 2. 颜色灰度不够	—	
调整方案	总浓度(%)	0		
	红(%)	+50		
	黄(%)	0		
	蓝(%)	0		

例三：三拼色(土黄)的配方调整。土黄色拼色单 1 如表 3-19 所示。

表 3-19　土黄色拼色单 1

土黄色		第一板	第二板	第三板
颜色配方(owf)	红(%)	0.200		
	黄(%)	1.00		
	蓝(%)	0.300		
色差描述		1. 深度偏浅 2. 灰度太大		
调整方案	总浓度(%)			
	红(%)			
	黄(%)			
	蓝(%)			

调整步骤与方法：

(1)先根据对颜色的描述和判断。结果是深度偏浅、灰度太大。

(2)对于深度偏浅，即染料总量需要加成，拟增加 20%。

(3)对于灰度太大，即紫光太多，因为红蓝在黄色中的作用是调节灰度。对于调节灰度的染料一般是辅料，用量较少，应该直接加减，即灰度太大直接减成，灰度不够直接加成。不可以通过主色来间接调整灰度。本例的红、蓝染料拟减成 25%，其他不变。

(4)调整配方的计算：

红：$0.2\% \times (100\% - 25\% + 20\%) = 0.190\%$

黄：$1.0\% \times (100\% + 20\%) = 1.20\%$

蓝：$0.3\% \times (100\% - 25\% + 20\%) = 0.285\%$

调整后深度为 1.68%，相对期望值为 1.80%，误差等于 6.67%。超出了深度误差范围需要调整深度，调整的方法就是将所有染料浓度都加成 6%：

红:0.190%×(100%+6%)= 0.201%

黄:1.20%×(100%+6%)= 1.27%

蓝:0.285%×(100%+6%)= 0.302%

配方调整结果见表3-20。

表3-20　土黄色拼色单2

土黄色		第一板	第二板	第三板
颜色配方(owf)	红(%)	0.200	0.201	
	黄(%)	1.00	1.27	
	蓝(%)	0.300	0.302	
色差描述		1. 深度偏浅 2. 灰度太大	1. 颜色深度纯度适当 2. 色光偏蓝光	
调整方案	总浓度(%)	+20		
	红(%)	-25		
	黄(%)	0		
	蓝(%)	-25		

(5)若调整后的配方打样结果与标样仍然有差距,按照本例第二板试样调整方法,拟确定增加红10%,其他不变。

(6)配方调整的计算:

红:0.201%×(100%+10%)= 0.221%

黄:1.27%

蓝:0.302%

配方调整结果见表3-21。

表3-21　土黄色拼色单3

土黄色		第一板	第二板	第三板
颜色配方(owf)	红(%)	0.200	0.201	0.221
	黄(%)	1.00	1.27	1.27
	蓝(%)	0.300	0.302	0.302
色差描述		1. 深度偏浅 2. 灰度太大	1. 颜色深度纯度适当 2. 色光偏蓝光	—
调整方案	总浓度(%)	+20	0	
	红(%)	-25	+10	
	黄(%)	0	0	
	蓝(%)	-25	0	

项目二 计算机配色

计算机配色是根据颜色定量测量数据计算配色所需的配方。从色度学的角度来说配色就是把染料配合起来,使染色物的三刺激值相等,达到色相一致,即计算出与原样三刺激值相一致的配方。

任务一 计算机配色原理

一、三刺激值表色法

计算机配色的基础就是对颜色的量化,一般用三刺激值进行量化。在色度学系统三刺激值用 X(红色)、Y(绿色)、Z(蓝色)来表示,它表示匹配物体反射光所需的红、绿、蓝三原色的量。三刺激值可用下面的公式进行计算:

$$
\left.
\begin{aligned}
X &= k \int S(\lambda) x(\lambda) \rho(\lambda) \, d\lambda \\
Y &= k \int S(\lambda) y(\lambda) \rho(\lambda) \, d\lambda \\
Z &= k \int S(\lambda) z(\lambda) \rho(\lambda) \, d\lambda
\end{aligned}
\right\}
\tag{3-1}
$$

可以看出,三刺激值的计算涉及光源的能量分布(标准照明体的相对光谱功率分布)$S(\lambda)$、物体表面反射性能(物体的分光反射率)$\rho(\lambda)$ 和人眼的颜色视觉标准的三刺激值 $x(\lambda)$、$y(\lambda)$、$z(\lambda)$ 三方面的特征参数。其中光源的能量分布 $S(\lambda)$ 和人眼的颜色视觉标准的三刺激值 $x(\lambda)$、$y(\lambda)$、$z(\lambda)$ 的特征参数查已储存于测色仪软件系统中的表可得。物体表面反射性能(物体的分光反射率)$\rho(\lambda)$ 在特定条件下,利用分光光度计可对物体的分光反射率 $\rho(\lambda)$ 进行测量,由此可以对颜色进行定量计算。

二、配色原理

配色原理简单地说就是从计算机获得配方,使染色样的三刺激值与标样相等。满足:

$$
X_s = X_m \qquad Y_s = Y_m \qquad Z_s = Z_m
\tag{3-2}
$$

式中:X_s、Y_s、Z_s ——标样的三刺激值;

X_m、Y_m、Z_m ——染色样三刺激值。

由三刺激值计算公式可得:

$$
\left.
\begin{aligned}
X_m &= k \int S(\lambda) x(\lambda) \rho(\lambda) \, d\lambda \\
Y_m &= k \int S(\lambda) y(\lambda) \rho(\lambda) \, d\lambda \\
Z_m &= k \int S(\lambda) z(\lambda) \rho(\lambda) \, d\lambda
\end{aligned}
\right\}
\tag{3-3}
$$

其中 $d\lambda$ 为 400~700nm 测量波长的间隔,一般为 20nm、10nm 和 5nm。间隔越小精度越高。以 20nm 为例,400~700nm 可得 16 个点(波长),即 420nm、440nm……700nm。反射率曲线 $\rho(\lambda)$ 就是由这 16 个波长下的 $\rho(\lambda)$ 值形成的曲线。

只要满足 $X_s = X_m$、$Y_s = Y_m$、$Z_s = Z_m$ 或染色样的分光反射分布 $\rho(\lambda)$ 相等即为配色成功。如果不相等可用色差公式计算色差值。然而分光反射分布取决于织物上的染料浓度。通过库贝尔卡—芒克(Kubelka—Munk)颜色深度公式:

$$\frac{K}{S} = \frac{(1-\rho_\infty)^2}{2\rho_\infty} = kC \tag{3-4}$$

式中:K——色样的吸收系数;

$\quad S$——色样的散射系数;

$\quad \rho_\infty$——色样(厚度无穷大时)的反射率;

$\quad \dfrac{K}{S}$——色样表面深度值;

$\quad k$——单位浓度 $\dfrac{K}{S}$ 值;

$\quad C$——染料浓度。

$\dfrac{K}{S}$ 值越大表示颜色越深。仪器通过测定色样的反射率 ρ_∞ 可以直接计算出来。

可以建立多只染料混拼后染料浓度和反射率 $\rho(\lambda)$ 之间的关系:

$$(K/S)_{m,\lambda} = (K/S)_{0,\lambda} + k_{1,\lambda} \times C_1 + \cdots\cdots + k_{n,\lambda} \times C_n \tag{3-5}$$

式中:$(K/S)_{m,\lambda}$——色样在波长 λ 时的表面深度值;

$\quad (K/S)_{0,\lambda}$——未染色样在波长 λ 时的表面深度值;

$\quad k_{1,\lambda}、k_{n,\lambda}$——第一种和第 n 种染料基准浓度染色样的单位浓度的 K/S 值;

$\quad C_1、C_n$——第一种和第 n 种染料的浓度。

如果 λ 在 400~700nm 范围内以 20nm 为间隔可以得到 16 个波长,每个波长为一个方程——形成 16 个方程的方程组。

$$\left.\begin{aligned}
(K/S)_{m,\lambda 1} &= (K/S)_{0,\lambda 1} + k_{1,\lambda 1} \times C_1 + \cdots\cdots + k_{n,\lambda 1} \times C_n \\
(K/S)_{m,\lambda 2} &= (K/S)_{0,\lambda 2} + k_{1,\lambda 2} \times C_1 + \cdots\cdots + k_{n,\lambda 2} \times C_n \\
(K/S)_{m,\lambda 3} &= (K/S)_{0,\lambda 3} + k_{1,\lambda 3} \times C_1 + \cdots\cdots + k_{n,\lambda 3} \times C_n \\
&\cdots\cdots \\
(K/S)_{m,\lambda 16} &= (K/S)_{0,\lambda 16} + k_{1,\lambda 16} \times C_1 + \cdots + k_{n,\lambda 16} \times C_n
\end{aligned}\right\} \tag{3-6}$$

在这 16 个方程中 $(K/S)_{0,\lambda}$ 和 $k_{1,\lambda}、k_{n,\lambda}$ 都是已知的(来源于数据库),$(K/S)_{m,\lambda}$ 色样通过仪器测量获得,也是已知的。只有染料浓度未知。如果染料为三只的话,这个方程组三元一次 16 个方程组。方程数远远多于未知数,所以应该有无数组解,即可得无数组配方。可以用最小二乘法解决,在标准样与配方样之间的反射率差最小时,求配方染料浓度,然后经过重复改善得到最佳配方。

三、调色

由库贝尔卡-芒克公式 3-4 可推导出：

$$\rho(\lambda) = 1 + (K/S)_\lambda - \{[1 + (K/S)_\lambda]^2 - 1\}^{1/2} \tag{3-7}$$

将 $\rho(\lambda)$ 代入三刺激值计算公式 3-1 可计算出配方色样的三刺激值 X_m、Y_m、Z_m。然后根据色差公式计算标准样与配方样之间的色差。若色差在允许范围内，则计算在不同光源下的同色异谱指数和成本，并打印结果。若不在允许范围，则对初始预测的配方染料浓度进行调整，即所谓的调方。

设 C_1、C_2、C_3 是初始预测配方的染料浓度，$C_1{}'$、$C_2{}'$、$C_3{}'$ 为调整后的配方染料浓度，那么：

$$\left.\begin{aligned}C_1{}' &= C_1 + \Delta C_1 \\ C_2{}' &= C_2 + \Delta C_2 \\ C_3{}' &= C_3 + \Delta C_3\end{aligned}\right\} \tag{3-8}$$

将调整后的配方浓度代入式 3-6 计算出 $(K/S)_\lambda$，然后将 $(K/S)_\lambda$ 代入式 3-7 计算出新配方下的反射率 $\rho(\lambda)$。用计算出来的（因为调整配方还没有色样无法测定，只能通过计算）反射率 $\rho(\lambda)$ 代入式 3-3 计算出新配方下的三刺激值 $X_m{}'$、$Y_m{}'$、$Z_m{}'$。将调整后的三刺激值 $X_m{}'$、$Y_m{}'$、$Z_m{}'$ 与标准色样的三刺激值 X_s、Y_s、Z_s 代入色差公式计算色差，如果色差在允许范围内，则计算在不同光源下的变色指数和成本，并打印结果。若不在允许范围，则进行第二次配方调整。如此重复计算比较，直至色差符合要求。

四、计算机配色基本流程

（1）建立预测配方数据。测量来样（标样）、染色半制品织物的光谱反射率 $\rho(\lambda)$，建立预测配方数据。

（2）配方预测。根据选定的染料组合和配色条件，利用染料数据库计算并确定初始配方的染料浓度 $[C]$。

（3）色差分析与配方调整。由配方色样与标样的色差 DE 决定是否需要对配方进行调整。如果色差不在允许范围内，则进一步调整和修正配方。

（4）如果色差在允许范围内，则：

①计算配方 $[C]$ 的调色异谱指数 MI 以评价该配方光谱异构程度。

②给出配方 $[C]$。

计算机配色流程如图 3-11 所示。

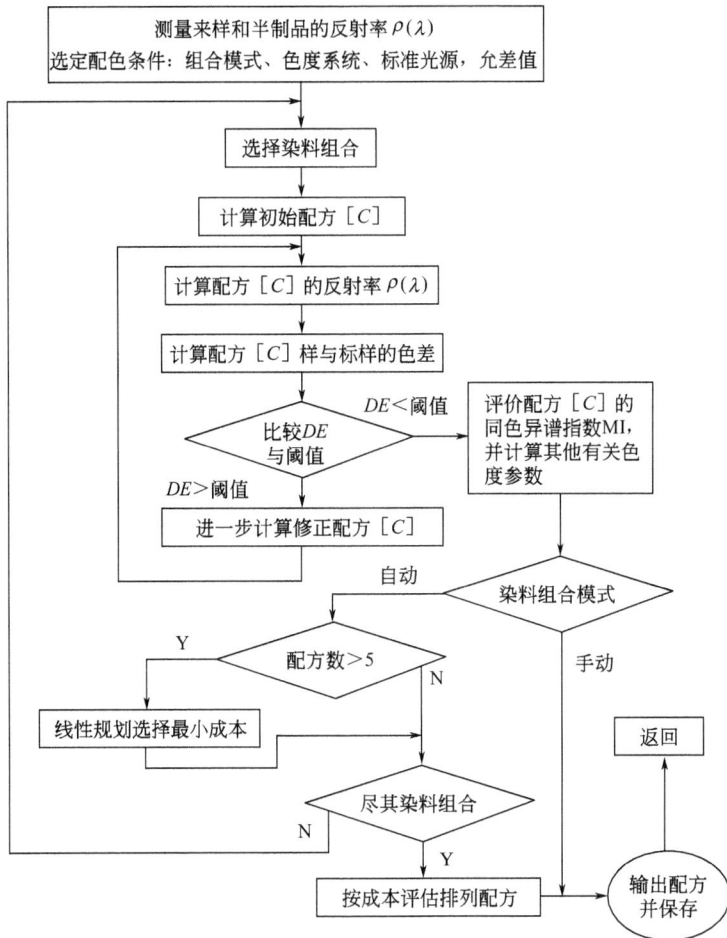

图 3-11 计算机配色流程图

任务二 计算机配色数据库的建立

配色软件的主要功能是进行测色及配色运算,进行人工对话,预告配色配方等。系统配置的软件包括的内容有:标准光源的光谱功率分布值,2°、10°标准观察者光源三刺激值,以及各种计算公式,如配方计算公式、配方修正公式、染色常数计算公式、三刺激值计算公式、成本计算公式、色变指数计算公式、反射率计算公式、白度计算公式、深度计算公式等。

一、建立染料数据库

1. 预选染料及编号

将所选染料进行编号,一般所选染料时要考虑其价格、力份、染色牢度、配伍性以及所选染料配出的色域等因素。染料应选择同一厂家同一批次的产品,对于不同厂家的同一品种的染料,应该作为两只染料制备数据。

2. 染料力份与价格

染料编号后,将其染料的力份和价格输入计算机。

3. 选择配色时要用的染料及给出配方的染料只数

染料选择下列 10 种色光的染料：黄光红、蓝光红、绿光黄、红光黄、橙色、红光蓝、绿光蓝、紫色、绿色、黑色。

染料的选择还必须注意深色系列、浅色系列与鲜艳色系列。根据染料厂家的推荐选择浅色系列与深色系列，鲜艳颜色主要为艳蓝、翠蓝、嫩黄等颜色。

参与配色的染料数目一般不超过 20 只。配方的染料只数一般不超过 3 只。

二、建立基础色样数据库

基础色样是计算机配色的基础标准，基础色样染制得准确与否，直接影响配色的精度。为此基础色样的制作与实际生产品种和实际生产工艺必须一致，对染料、助剂、基材（被染织物）、染色程序和空白织物要进行严格选择。

1. 选择单色染料的浓度梯度

一般根据染料的实际使用的浓度范围（一般为 0.01% ~ 5%）选定若干个浓度（一般选择 6 ~ 12 个），例如浸染浓度可选择：0.05%、0.1%、0.3%、0.6%、1%、1.3%、1.6%、2%、2.3%、2.6%、3%、4%、5%。轧染的浓度可选择：0.1g/L、0.5g/L、1g/L、2g/L、4g/L、8g/L、16g/L、32g/L、64g/L。具体浓度选择根据生产实际作适当的调节。

2. 染制基础色样

（1）基材要选择经常使用的品种，要求是产量大的、具有代表性的品种，并且前处理工艺所提供的半制品质量达标且稳定。

（2）确定与生产一致的染色基本工艺，包括染色曲线、工艺配方（助剂用量）、工艺条件等。

（3）每个单色在不同时间做两次，直到两块色样的色差符合要求为止。

（4）基础色样的染色要在同一台小样机上进行，要在连续的一段时间内完成，还要重复做 2 ~ 3 次，以求得结果正确。由专人制作，减少人为的操作误差。

（5）制作空白染色样，要求将基材不加染料，只加助剂，按照染色样制作的工艺进行染色处理即可。

3. 单色样颜色的输入

将做好的基础色样（包括空白样），在同一台测色仪上进行多点、多次的测色，求取平均值，使测得的数据具有良好的重现性。每一个色样对应一根反射曲线 $\rho(\lambda)$，对应的反射值由计算机储存并换算成 K/S 值，空白样的 K/S 为 $(K/S)_0$，据此建立了基础色样数据库。操作步骤为：

打开电脑→打开数据库文件→打开子菜单中的创建数据库→建立数据库→编辑数据库→命名即将建立的数据库→测量空白样反射率 ρ_0→存入计算机→打开编辑色种→输入定标染色用染料名称→选择其子菜单数据库数据→添加每只染料定标样品的浓度→选择全部测量→依次测量对应定标样品的反射率→存入计算机

4. 检查基础色样的准确性

当完成每一个色样的最后一档浓度的测定时，软件系统会自动绘出该色样的 K/S 值与浓度 C 之间的关系曲线，及分光反射率 $\rho(\lambda)$ 与波长 λ 之间的关系曲线来检查该基础色样的准确性，如图 3-12 所示。若曲线出现不规则现象或出现上下曲线交叉，则应启动系统修正功能加以修正。若色样有问题,应重新制作该色样。

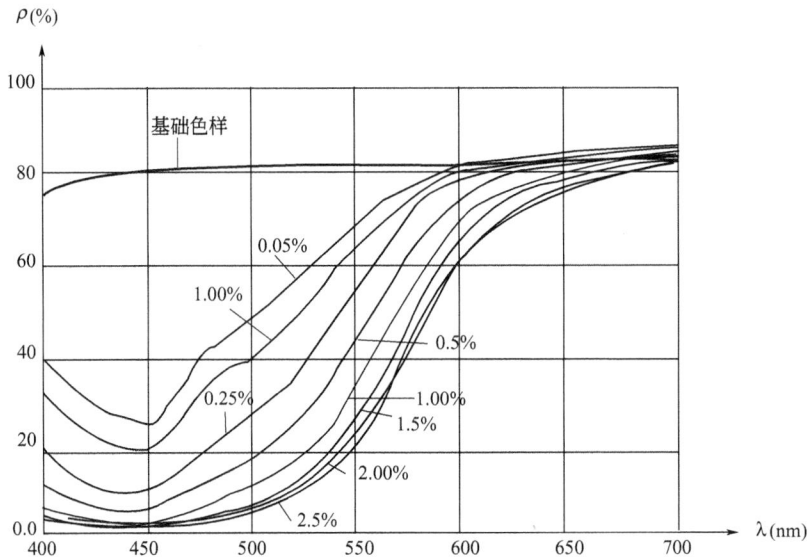

图 3-12 基础色样分光反射率曲线

任务三 计算机配色操作

计算机配色的基本步骤为:

仪器准备→建立标准→染色配方的预测与选择→小样试染→色差分析(若色差不在允许范围内则还需试样测色→配方修正→小样试染→色差分析)→配方打印与管理

也可以使用计算机查找配方或手动配色程序。

一、仪器准备

(1)打开电脑,接通开机测色仪电源,进入测配色软件。

(2)仪器校正。仪器校正包括光谱校正与光度校正。

光谱校正即对仪器进行光谱(或波长)定标,该项工作通常在仪器出厂时已经完成,一般来说,系统的波长标尺一旦校正就不会发生变化。

光度校正分为零点(即黑筒)定标和标准白板定标。零点定标给测色系统提供了光谱反射率的"零线"基准,通常采用作为仪器附件之一的黑筒来校正仪器的零点。标准白板定标是校正仪器的光度"百线"基准,由仪器的附件之一的标准白板来校正。

每天使用前要校正仪器,这样可获得更高的精度和性能。仪器还会每间隔 12~24h 自动要求校正。

在仪器的下拉菜单中选择仪器校正,系统会提示进行所需要的测量及有关的仪器操作指令。

二、建立标准

测量标样的分光反射率,输入计算机。计算出标样的三刺激值及 K/S 值,作为染色配方预测及对色调方的依据。

1. 建立标准

点击"标准向导"按钮或从仪器菜单选择"创建标准",按提示误差操作。

建立标准色样文件,创建客户,在客户文件中分类输入每个色样的名称,测量相应的分光反射率值,存入计算机。

2. 编辑容差

计算机菜单中已有几种色差可选,如 CIE1976$L^*a^*b^*$ 及 CMC 色差等。容差设置的范围可根据相应的标准或客户的要求自行编辑。

三、染色配方的预测与选择

1. 设定配方预测的环境参数

环境参数包括:标准色度系统(CIE1964$L^*a^*b^*$ 或 CIE1931$L^*a^*b^*$)、标准照明体(如 D_{65} 光源、A 光源、CWF 光源等)、光谱范围(如 400~700nm 或 380~780nm 等)、波长间隔(如 20nm、10nm、5nm 等)、染色工艺(如浸染、轧染等)、配色基材(如纯棉、涤纶、真丝等)、染料组合模式(手动或自动等)、色差阈值 DE(CIE$L^*a^*b^*$ 或 CMC 等)。

2. 配方计算与选择

运用计算机已存的资料(染料基础色样数据、空白试样数据)和需要输入的资料(来样数据)就可以进行配方浓度的计算。计算分三步进行:首先计算标准色样和空白织物的 K/S 值,然后计算单位染料浓度的 K/S 值(即系数 k),最后根据公式3-6计算染料浓度。计算结果包括染料配方浓度 $[C]$、与标样的色差 DE、同色异谱指数 MI、曲线拟合指数 CFI、配方成本等。

一般来说,选择配方应该选择色差 DE、同色异谱指数 MI、曲线拟合程度指数 CFI 均为最小值时的配方。根据技术员的专业知识和经验,结合生产实际,在达到成品要求的前提下,选择重现性好、批量生产时颜色稳定易于控制的配方。

四、小样试染

因为计算机配色是根据统一的数学模型进行计算的,因此难免有不切合实际情况和多变的现象出现,使得所预测的配方不能满足要求,所以必须进行小样试染。小样试染时要注意:

(1)按选定的配方进行试染,严格染色操作,将操作误差降低到仿色允许的范围。

(2)染色设备及仪器的各项性能指标准确、稳定,工作状态良好,特别是检测系统的测量精确,结果可靠。

(3)染料助剂质量稳定,与数据库中的染料助剂最好采自同一个厂家同一个批次。

(4)染色基材要与数据库所用的基材一致,否则误差会较大。

五、配方修正

把小样试染样进行测色,然后调用修正程序,在输入试染的配方后,计算机配色系统立即输出修正后的浓度。用修正后的配方再一次进行试染,若色样与来样色差在允许范围之内,则此修正后的配方就是所需的染色配方。否则,重新修正,直至取得符合要求的染色配方为止。

项目三　仿色技巧

任务一　仿色的基本原则

一、染料只数尽量少原则

仿色时一般最好不要超过3只染料。染料只数越少,颜色越易于控制。如果做主色的染料本身是几只染料混拼而成的,那么尽可能选用这种染料,以减少染料的只数。染料只数越少,对于熟练掌握染料的仿色性能,提高仿色效率非常有效。

二、余色原理应用原则

在染料混拼时要注意余色原理的应用,在配方中所选染料的颜色如果有互为余色的情况,会产生灰色,这种灰色的成分直接形成颜色的灰度,使颜色的纯度降低。应根据颜色的纯度合理选择调色方案,例如,暗绿色选用深蓝与金黄或黄棕混拼,艳绿色选用嫩黄与翠蓝混拼。又如,某橙灰色偏红光,这时有两个方案:一是减红或减红加黄,二是加黄蓝。第一种方案只是调整色光,对灰度没有影响。第二种方案根据余色原理在调整色光的同时增加了颜色的灰度。选择哪个方案要看被调颜色是否需要增加灰度来确定。

三、"就近出发"原则

对于主色为二次色的颜色,可以优先考虑使用色光为二次色的染料,而不是用二个原色染料来混拼。例如,要混拼绿色,本来可以用黄加蓝拼混而成,但是由于黄色与蓝色的色光不同,拼色效果会受到影响,并且调整起来也比较困难,因此在条件允许的情况下,最好选择一只比较合适的绿色染料作为主色染料,即从绿色"出发",然后再选择其他(黄色或蓝色)染料来调整色光。

四、宁浅勿深原则

在做大货的情况下,如果颜色做得太深,想使颜色变浅比较困难;但是如果颜色比标样稍浅,颜色由浅变深相对来说就容易一些,所以做大货时要求宁浅勿深。

五、宁艳勿暗原则

和宁浅勿深原则一样,如果颜色做得太暗,颜色由暗变(鲜)艳比较困难;但是如果颜色比标样鲜艳,颜色由鲜艳变暗就容易一些,所以做大货时要求宁艳勿暗。

六、先深度后色度原则

因为颜色的深度会影响颜色的色度(纯度和色相),所以首先要确定的是颜色的深度。在相同深度下进行颜色色光的调整,这就是先深度后色度的原则。

任务二 仿色误差及其控制

印染仿色误差就是在相同工艺条件下由于配方计算书写误差、计量操作误差、环境条件误差的原因所产生的色差。

一、配方误差

仿色误差首先来源于配方,配方的精度究竟是多少?小数点后保留几位?调方后的尾数怎样处理?这些问题处理不当都会带来仿色误差。

1. 配方书写精度的理论要求

根据仿色配方的调整幅度样卡,确定在色差 $DE \leqslant 0.8$ 的范围内的配方调整比例。一般染料配方在1%的调整幅度范围内颜色的变化满足 $DE \leqslant 0.8$。故仿色配方书写精度的要求,理论上应≤1%,即配方的相对误差≤1%。

2. 配方书写精度

为了满足配方书写的相对误差在1%以内,配方书写时必须保留三位有效数字。注意:不是保留小数点后面三位。例如,0.101、1.11 和 10.1 这三个数都为三位有效数,但 0.101 保留小数点后三位,而 1.11 保留小数点后两位,而 10.1 则保留小数点后一位。

3. 尾数的处理

当数值超出三位有效数字时,就必须对尾数进行处理,把四位以上的有效数字简化成三位有效数字。简化的方法就是四舍五入。

例如,把 1.121、0.1216、0.7878、0.9454 四个四位有效数简化成三位有效数,并计算简化后的相对误差。

根据四舍五入的原则:

1.121 简化后为 1.12,相对误差为 $\dfrac{1.12-1.121}{1.121} \times 100\% = -0.089\%$

0.1216 简化后为 0.122,相对误差为 $\dfrac{0.122-0.1216}{0.1216} \times 100\% = 0.33\%$

0.7878 简化后为 0.788,相对误差为 $\dfrac{0.788-0.7878}{0.7878} \times 100\% = 0.025\%$

0.9454 简化后为 0.945,相对误差为 $\dfrac{0.945-0.9454}{0.9454} \times 100\% = -0.063\%$

4. 相对误差分析

可以把保留的三位有效数字的第一位称作个位,第二位数称作十分位,第三位称作百分位。位数的处理就是对第四位,即千分位进行四舍五入。千分位处理所带来的误差最多不会超过千分之五,即≤0.5%。

按照三位有效数原则和相对误差小于1%原则对数据的误差进行分析如下:

（1）最小三位有效数最大误差（以 0.101 为例）。对于相对误差来说，数值越小相对误差就越大。因此求最大误差就以最小三位有效数 0.101 为例。在四舍五入的尾数处理过程中，最后一位数的误差最大为 0.0005，即 0.1005 四舍五入后为 0.101。相对误差为（0.0005/0.1005）× 100% = 0.498%

（2）最大三位有效数的最小误差（以 0.999 为例）。同样，对于最大三位有效数来说，相对误差则最小，所以以最大三位有效数 0.999 为例。在四舍五入的尾数处理过程中，最后一位数的误差最小为 0.0001，即 0.9991 四舍五入后为 0.999。相对误差为（−0.0001/0.9991）× 100% = −0.01%

根据以上分析，保留三位有效数，其相对误差在 0.01% ~ 0.498%。如果保留两位有效数则相对误差范围在 0.1% ~ 4.98%，显然不满足相对误差 ≤ 1% 的要求。如果配方保留位数不当就会造成不必要的配方误差。

例如：原配方为 0.025，加成 10% 后为 0.0275，按照保留小数点后三位，简化为 0.028。那么配方相对误差为（0.0005/0.0275）× 100% = 1.82%。不计操作误差和环境误差，此配方误差就超过了 1%。

二、操作误差

印染仿色的操作包括染液或色浆配料操作、染色或印花及后处理的工艺操作等。样布的准备操作不做讨论。其中配料操作是仿色误差的重点，是控制仿色打板误差的关键。

1. 配料操作误差

（1）称量操作误差。天平按精度分为百分之一和千分之一天平。万分之一和十万分之一的微量天平在印染仿色时基本上不需要。

①百分之一天平。百分之一天平以克为单位，精确到百分之一克，即 0.01g。也就是说，称量误差为 ±0.01g。对于印染仿色，在相对误差 ≤ 1% 的条件下，原则上称量重量大于 2g 即可使用（2g 的称量相对误差为：0.01/2 × 100% = 0.5%）。

②千分之一天平。千分之一天平以克为单位，精确到千分之一克，即 0.001g。也就是说，称量误差为 ±0.001g。对于印染仿色，在相对误差 ≤ 1% 的条件下，原则上称量重量大于 0.2 克即可使用（0.2g 的称量相对误差为：0.001/0.2 × 100% = 0.5%）。

为了尽量减少称量误差，一般要求：

①母液配置染料称量采用千分之一天平，起始称量重量 2g。这样称量误差可以控制在 0.05% 以内。如果采用百分之一的天平误差 0.5% 会太大，加上吸量管操作误差和织物的称量误差，相对误差有可能超过 1%。

②对于轧染的染料直接称量，按照误差 ≤ 0.5% 的要求，称量 2g 以上的用百分之一的天平；称量 0.2g 以上的用千分之一的天平；称量 0.2g 以下的采取配制母液取料的办法。母液的浓度一般选择 1 : 10 即可。

（2）吸量操作误差。

①容量瓶。A 级（制造精度）容量瓶的规格与误差值如表 3-22 所示。

表 3-22 容量瓶制造精度表(A 级)

规格(mL)	误差(mL)	相对误差(%)	规格(mL)	误差(mL)	相对误差(%)
5	±0.04	0.8	10	±0.04	0.4
20	±0.04	0.2	25	±0.06	0.24
50	±0.06	0.12	100	±0.10	0.1
200	±0.15	0.075	250	±0.15	0.06
500	±0.25	0.05	1000	±0.40	0.04
2000	±0.60	0.03			

　　印染仿色打样配置母液的容量瓶体积一般为 500~1000mL,体积相对误差为 0.05%~0.04%。对印染仿色而言,这种误差可以忽略不计。

　　②量筒。量筒的规格有 5mL、10mL、25mL、50mL、100mL、250mL、1000mL、2000mL 等。其中 5~50mL 的量筒分为 50 个刻度,100~2000mL 分为 100 个刻度。量筒最小刻度(精度)见表 3-23。

表 3-23 量筒最小刻度 　　　　　　　　　　　　　　　　单位:mL

量筒规格	5	10	25	50	100	250	1000	2000
最小刻度	0.1	0.2	0.5	1	1	2.5	10	20

　　量筒一般用来计量染液的体积,在浸染时影响染色的浴比,在轧染时影响染料的总浓度。对其精度基本没有要求。

　　③吸量管。吸量管经常被用来量取染料母液的体积。其计量的精度要求在浸染仿色中是非常重要的。吸量管规格有 1mL、2mL、5mL、10mL、25mL、50mL、100mL。其中较为常用的是 1mL、2mL、5mL、10mL 四种。吸量管的制造精度(相对误差)见表 3-24。

表 3-24 吸量管的制造精度

标称总容量(mL)		1	2	5	10	15	20	50
容差 (mL)	A	±0.007	±0.010	±0.015	±0.020	±0.025	±0.030	±0.05
	B	±0.015	±0.020	±0.030	±0.040	±0.050	±0.060	±0.10

　　吸量管不论大小都分为 100 个刻度。吸量管最小刻度(精度)见表 3-25。

表 3-25 吸量管吸量误差分析表

标称总容量(mL)	1	2	5	10	15	20	50
最小刻度值(mL)	0.01	0.02	0.05	0.10	0.15	0.20	0.50
计量盲区(mL)	0.94~1	1.88~2	4.7~5	9.4~10	14.1~15	18.8~20	47~50
吸量误差(mL)	≤0.002	≤0.004	≤0.01	≤0.02	≤0.03	≤0.04	≤0.1
最小吸量(mL)	0.5	1	2	5	10	10	20
最大误差(%)	0.4	0.4	0.5	0.4	0.3	0.4	0.5

在母液配制过程中,染料称量误差≤0.05%,500~1000mL 的容量瓶体积误差为 0.05%。那么染料母液的误差应该≤0.1%。因此,染液配制的误差主要取决于吸量管的取料误差。根据实测,吸量管的吸量精度为最小刻度的 10%~20%,即≤最小刻度的 20%。按照这一操作标准,正确选用吸量管量程后,其吸量误差可以控制在 0.5%以内。

2. 工艺操作误差

(1)浸染工艺操作误差。目前,浸染仿色打样主要是靠染色小样机对染色打样工艺进行控制,其控制的工艺参数有染色温度和时间。对于电脑程序控制的染色小样机,这些参数的控制只要程序选择正确,小样机按照要求使用和保养,基本可以满足工艺要求。

尽管工艺的主要参数,即温度、时间有了保障,但是人为操作的影响因素依然存在:

①浸染样布的准备一定要保证质量误差在允许范围内。

②小样机要定期校正温度。使染液的温度与控制温度一致。

③下布时要注意上下剧烈震荡后再放入染杯,多杯同时下布时要尽量快速,避免前后染杯染色的时差过大。

④取样操作要求也尽量快速,避免前后染杯染色时差过大。最好的办法是按照下布的顺序,先下的先取,后下的后取。

⑤水洗操作按照工艺标准进行,保证每块布样的皂洗条件相同。

⑥烫布工序必须规范,一般要求上盖下垫,布面熨斗直接与样布接触以确保不会被沾污。注意不要同时采取两种烘干方式,熨斗烫干、烘箱烘干或其他方式烘干。

⑦同时做多个颜色打样时,往往出现布样混淆的现象。因此在操作中注意做好标记。一般做法是给配方编号(配方编号与染杯号一致),染色、水洗直至烫布时样布不离开染杯,烫布时根据样布所在染杯的编号,用剪刀做上标记或用笔书写记号。

浸染基本上是用来配置染料母液时的称量,对于轧染和印花来说就是染料的直接称量。操作过程要严格控制相对误差小于 1%。

(2)轧染工艺操作误差。染液配制好后,对染色工艺条件与水洗条件的控制直接会影响到仿色的结果。在轧染仿色的工艺操作中要注意:

①浸轧条件的控制。浸轧工艺条件包括轧液率、织物在染液中的浸渍时间、轧车运行速度、烘干温度和时间等。这些参数一经设定,就必须严格按照规定进行操作,不得随意改变。如果用连续式轧烘(焙)染色小样机,直接设定并控制其各项参数即可。

②如果做深色,建议浸轧后染液用量筒计量体积后倒回染杯,用于下一次仿色打样。

③固色液的配制与使用。固色液按工艺要求进行配制,体积为 500mL 或 1000mL。烧碱—保险粉还原液由于容易分解一般配制 500mL,且从配制到使用不超过 4h。布样浸轧后固色液中会有部分染料从织物上溶解下来,为了避免沾色,要注意换色时更换固色液。

④水洗条件控制同浸染操作。

(3)印花工艺操作误差。印花色浆配制好后,印花工艺操作不当对仿色结果的影响是非常明显的。主要有:

①刮印操作。印花刮印直接控制织物表面的给浆量,而织物给浆量与给色量成正比。给浆

量的控制如果采用磁棒印花小样机进行刮印,则有利于给浆量的控制。手工刮印要通过人工操作保证刮印的力度(压力)、速度、角度的稳定来控制仿色误差。

②固色处理。印花后及时烘干。对于涂料烘干后即可对色,但其他染料印花还必须进行固色处理。固色处理一般是蒸化(分散染料为高温蒸化)。在蒸化过程中,对蒸汽温度、湿度的控制最为重要,蒸化所用的蒸汽为常压下 102~104℃ 的轻微过热蒸汽。过热程度太高,即温度在 104℃ 以上,则蒸汽湿度不够,染料固色率降低。

③水洗条件控制同轧染操作。

三、环境误差

环境误差主要是空气湿度和温度变化带来的误差,湿度误差主要是增加了织物和染料助剂的重量;温度误差主要影响水的体积和母液的体积从而带来误差。

1. 湿度误差

环境湿度的增减直接影响织物和染料助剂的含水率。湿度越大含水率越大,实际生产过程中一般不被注意,但是这种误差还是存在。因此在生产中要注意染料助剂称量完毕后一定要将其盖住,尽量减少染料助剂与空气的接触。织物的含水率一般只是影响颜色的深度,若含水率较高,轧染颜色偏浅,浸染颜色偏深,印花颜色偏浅边界模糊。

活性染料 RW 在 70%湿度下随静置时间变化质量的变化情况如表 3-26 所示。

表 3-26　湿度对活性染料 RW 的质量的影响(温度 21℃,湿度 70%起始质量为 2g)

时间(h)	1	2	5	12	24
质量(g)	2.011	2.019	2.048	2.180	2.187

2. 温度误差

在 4℃ 下,水的密度最大(密度为 0.999972g/cm³ 接近为 1g/cm³)。这时数值上水的体积(mL)等于水的质量(g)。在 25℃ 下,水的密度为 0.997043g/cm³,与 4℃ 下的密度相比相差 0.002929g/cm³,相对误差为 0.294%。特别是在早晚温差较大的季节应该特别注意。最好在仿色打样工作场地配置空调装置,使早晚温差不至于产生太大影响。

任务三　修色

在生产过程中往往会出现生产样与标准样的色差达不到允许范围的情况,必须经过修色。需要修色的不合格品有如下三种类型:

(1)色泽较浅或色光不足,需要加色处理的织物。

(2)色泽过深过暗或色光过足,需要减色处理的织物。

(3)色光(色相)严重不符,或有色泽不匀染疵,需要剥色处理的织物。

一、加色处理

根据余色原理和减法原理进行加色处理。加色的染料一般使用涂料,其用量不超过

0.2g/L。实际生产中加色分下列两种情况：

1. 未经后整理的织物

未经后整理的织物可在定形机上采用印花涂料色浆,直接浸轧修色。

涂料　　　≤0.2g/L

柔软剂　40~50g/L

室温一浸一轧,定形机150~160℃温和烘干。

工艺提示：

(1)浸轧涂料修色,只适合微调色光,而不适合色浅提深。因为涂料用量超过1g/L,会影响染色牢度。

(2)浸轧涂料要和浸染柔软剂同浴进行。其目的为：

①步骤合二为一,可缩短工艺,降低成本。

②两者同浴轧样同浴修色,可消除柔软整理对色光造成的影响。

(3)磨毛织物浸轧涂料修色,宜温和烘干。急烘会因涂料泳移,产生毛深底浅的"黑素"现象,影响布面风格。

(4)涂料和柔软剂同浴浸轧,两者必须具有良好的相容性,所以,对柔软剂要慎重选择。

2. 经拒水性后整理的织物

由于纤维上存在拒水性整理剂或树脂整理剂形成的阻染膜,难以对涂料均匀吸着,所以,不能直接简单地浸轧涂料修色。

(1)拒水性不太严重的织物,可以采用以下处方,直接浸轧涂料修色。

枧油① 0.3~0.5g/L

涂料≤0.2g/L

柔软剂40~50g/L

(2)拒水性大的织物修色,传统做法是：先用除硅剂2~3g/L(如除硅剂DS-88)或除油剂2~3g/L(如除油剂DK-808),再或除固剂4~5g/L,在沸温条件下预处理30~60min。先将织物(纤维)上的阻染膜破坏剥除,而后再按常规修色。

二、减色处理

色泽过深过暗或色光过足的织物,直接加色修色会导致色泽更深,所以只能采用先减色再加色的修色方法。即先将色泽减淡,再根据需要作加色修色处理。

减色处理一定要注意处理的均匀性,宜采取低浓度多次进行的方法。

1. 棉织物的减色

棉织物的减色,比较有效的方法有三种：

(1)平平加减色法。平平加减色法就是将待修色的织物在平平加的高温溶液中处理减色。

①减色原理。平平加O对染料有一定的亲和力,加上平平加的分散乳化和增溶作用可以

---

① 枧油具有强劲的润湿性,可明显提高织物(纤维)的亲水性。

使部分染料从织物上剥离。从而达到减色的作用。一般减色可以达到一成左右。同时平平加O还可以对沾色和染色不匀等现象有所改善。

②减色工艺。平平加O　2~10g/L,80~100℃,3~60min。

（2）碱剂减色法。碱剂减色法即待修色的织物在纯碱或烧碱的高温溶液中处理减色。

减色原理为:活性染料与棉纤维之间在染色过程中形成的化学结合键,在高温碱性浴中会发生不同程度的水解断键,原本固着在纤维上的染料会脱落下来,而产生减色(变浅)效果。有些活性染料在高温碱性浴中,不仅仅发生断键落色,染料母体中的发色团也会产生破坏而消色。在使用碱剂减色法时有两点值得注意:

①碱剂减色率的高低随处理条件(如碱性的强弱、处理温度的高低、处理时间的长短等)的不同而不同。增加碱剂用量、提高处理温度、延长处理时间可以提高减色率。但是,减色多少应根据修色的需要而定,并非减色越多越好。因为减色较多,织物的色光往往越灰暗,甚至得不到原有的色泽。因此,减色的原则是减色程度只要进入可修色的范围即可。

②由于不同结构的活性染料与棉纤维形成的结合键耐碱稳定性不同,所以经碱剂处理,不同染料并非等比例脱落。因此碱剂处理时,在色泽减浅的同时,色光也会发生改变。比如,ME型活性染料三原色拼染,碱剂减色后,色光总是"跳红"。正因为如此,碱剂减色后,必须先打修色小样,再大样套染修色。

（3）氧漂减色法。氧漂减色法即将待修色的织物在双氧水的高温溶液中处理,使其减色。

减色原理为:染着在棉纤维上的活性染料,在双氧水的高温溶液中,会发生两种情况:

①有些活性染料,耐氧稳定性差,受到氧化作用,染料自身会被破坏,而产生消色。例如,活性嫩黄B-6GLN。

②活性染料与棉纤维之间的化学结合键受到氧化作用会发生断裂,使原来固着在纤维上的染料部分脱落而产生减色效果。

一般来说,碱洗和氧漂的减色率很低,减色不到一成。特别是氧漂减色更加有限。在减色要求在一成以上的场合下,则采取氯漂或保险粉减色法。

（4）氯漂减色法。氯漂减色法即将待修色的织物在次氯酸钠的溶液中处理,使其减色。

氯漂减色原理为:活性染料经氯漂会产生不同程度的褪色和消色。由于染料结构复杂多样,其机理目前还不十分清楚。但有一点是明确的,凡是染料结构中含有耐氯稳定性差的基团(如—N═N—等),经次氯酸钠处理的减色率较高。正因为如此,不同结构的活性染料经次氯酸钠处理的减色率相差很大。例如,1%(owf)深度的染色物,同在有效氯为50mg/L,(27±2)℃,浸渍60min的条件下处理,其减色率分别为:活性红3BS 5.66%,活性深蓝M-2GE 4.44%,活性黄3RS 19.88%,活性蓝BRF 17.42%,活性翠蓝B-BGFN 73.15%,活性嫩黄C-GL 84.13%。这就使氯漂减色法产生了一个显著缺陷,即采用氯漂减色率相差大的染料作拼色时,减色后,原有色光会发生显著异变。但对多数染料来讲,只要重新打好修色样,还是能够恢复原有色光的。这是因为氯漂减色后,各染料组分的深浅不同,而引起拼色色光的异变,染料自身的色光实际变化并不大的缘故。但含有活性黑组分的染色物(如活性黑 KN-B、活性黑 KN-G2RC 等),由于其中活性黑氯漂后,不仅深浅变化,色相也完全改变(呈棕色),所以氯漂减色后往往染不出原有色光。可见,这类染色物不宜采用氯漂减色法减色。

(5)保险粉减色法。保险粉减色法即将待修色的织物经烧碱—保险粉处理,使其减色。

保险粉减色原理为:活性染料在保险粉的作用下,发色基团被破坏,从而达到减色的目的。由于保险粉为强还原剂,具有很强的剥色能力,须严格控制才能达到理想的效果。在使用该工艺时应注意:

①保险粉的用量控制在 5g/L 以下,过高则减色不匀。应该是低浓度并多次进行减色。减色工艺:轧染:1~5g/L 浸轧汽蒸;浸染:0.1%~0.5%(owf),60~80℃,30~40min。

②保险粉减色后颜色一般偏暗,注意颜色鲜艳度的调整。

2. 涤纶织物的减色

分散染料与涤纶之间是靠多种分子间作用力(主要是氢键和范德华力)而结合。所以涤纶织物的减色可采用一般物理方法,即高温移染法减色。

(1)减色原理。染色涤纶的减色是多种效应的综合体现。涤纶在高温(100℃以上)条件下,密实的结构变松弛。微结构中的瞬间空隙增大增多,染料易于通过,染料的活化能提高,振动加剧,染料分子间、染料与纤维分子间间距增大,结合力减弱,染料容易移动。施加的修色剂,对涤纶能产生较强的溶胀作用和较大的剥色作用。所以,在有修色剂存在的高温(130~135℃)处理浴中,染着在涤纶上的分散染料,会产生较大的移染行为,部分染料会从涤纶上回落到水中,使涤纶的色泽变浅。

(2)减色工艺。

涤纶修色剂	3~5g/L(根据需要)
冰醋酸	0.5mL/L(pH=4~4.5)
处理温度	130℃
处理时间	高温高压卷染机,处理 6~8 道;高温高压喷染机,处理 30min

(3)减色效果。该减色法的减色率一般为 15%~25%。减色率的高低与染料的分子结构、助剂的减色能力以及处理温度、处理时间等因素密切相关。

3. 锦纶织物的减色

(1)锦纶的染色。

锦纶通常采用分散染料、中性染料和酸性染料染色。分散染料主要靠染料—锦纶之间的分子引力上染,故比较容易减色。中性染料和酸性染料,既能以染料—锦纶之间的分子引力上染,又能和锦纶中的—NH 呈离子键结合上染。所以,中性、酸性染料与锦纶之间的结合牢度,相对较好,减色相对较困难。

锦纶的耐化学品稳定性:酸是锦纶的水解催化剂,会促进锦纶大分子水解降强。因此,锦纶对酸是不稳定的,容易受到酸的损伤。

(2)锦纶的化学稳定性。

锦纶对氧化剂的稳定性也较差。次氯酸钠中的有效氯能取代酰胺键上的氢,进而使锦纶水解,强力下降;双氧水也能使锦纶大分子降解,强力降低;锦纶对碱的稳定性较高。经检测,100%烧碱50g/L,100℃处理2h,强力下降很少。因此,锦纶的染色物,只能进行碱减色。

(3)碱减色的方法。

轻质粉状纯碱	20g/L
或30%烧碱	12~15mL/L(根据需要)
螯合分散剂	2g/L

沸温碱煮处理,处理时间根据需要。

(4)减色效果。

分散染料染锦纶,采用碱剂减色比较容易。但是色光变化很大,而且变暗严重。

中性染料染锦纶,纯碱处理几乎没有减色能力,且色光有变。烧碱有减色能力,且浓度越高,减色能力越大。而且色光变化也越大。

酸性染料染锦纶,纯碱几乎没有减色能力。但色光变化较小;烧碱略有减色能力,但色光变化严重。可见,锦纶的染色物采用碱剂减色,不是减色率低,就是色光变化严重(尤其是变暗)。这给下道修色带来很大困难,甚至无法修成原有色光。

三、剥色处理

当染色物的色光(或色相)严重不符,或有色泽不均匀的染疵时,就必须将染色物上的染料最大限度地剥除,而后再重新打样复染。剥色时通常采用强还原剂进行处理。因为强还原剂能将染料分子中一些不耐还原的基团,如—N＝N—、—NO$_2$等破坏,从而达到消色的目的。

1. 传统剥色法(保险粉—烧碱法)

(1)剥色原理。

保险粉是强还原剂。在保险粉15g/L、30%烧碱40mL/L、95~98℃的溶液中,还原电位可达−1080mV,足以将直接染料、分散染料、中性染料、酸性染料等染料的分子破坏,产生剥色效果。

(2)工艺配方:

85%保险粉	5~15g/L(根据需要)
30%烧碱	15~40mL/L(根据需要)
平平加	0.5~1g/L(根据需要)

(3)工艺说明:

①保险粉的稳定性差,在80℃以上的热水中,能快速分解。所以剥色时要先在75~80℃下处理,而后再升温至沸。这样,可减少保险粉的无效损耗,提高剥色效果。

②保险粉的用量要根据需要而定,但浓度不宜过高。否则无效分解增多,浪费加大。实验表明,较低浓度二次剥色与高浓度一次剥色相比,前者的剥色率较高,均匀性较好。

③保险粉剥色气味浓烈,污染大。故卷染剥色时要加罩,喷染剥色时要密封。

④轧染或卷染剥色均匀度差,容易产生边中色差,造成复染困难。实际生产中往往采取低浓度多次剥色的方法,剥色效果较好。

2. 二氧化硫脲—烧碱剥色法

（1）剥色原理。

二氧化硫脲又称甲脒亚磺酸，简称 TD。TD 在酸性溶液中性质稳定，但在水溶液中，尤其在碱性溶液中，会逐渐分解，生成尿素和次硫酸。次硫酸是活泼的强还原剂，会继续分解而放出新生态氢：

$$H_2SO_4 \xrightarrow{\text{热碱}} Na_2SO_4 + [H]$$

因此，TD 在热的碱性溶液中。会产生很高的还原负电位值，保险粉在碱性水溶液中的最高还原电位值是 -1080mV，TD 在相同条件下的最高还原电位值是 -1220mV，比保险粉低 140mV。而各自达到这个还原电位的临界用量相差更是突出，85% 的保险粉需 15g/L，98% 的 TD 仅需 5g/L。如果达到保险粉的还原电位 -1080mV，98% 的 TD 只需要 0.25g/L。

（2）工艺配方：

98%TD	3~5g/L（根据需要）
30%烧碱	30~50mL/L（根据需要）
渗透剂	1~2g/L
平平加	0.5~1g/L

（3）工艺说明：

①TD 在常温水中溶解度较低，提高温度可提高溶解度。因此，化料时应用 50~60℃ 的温水溶解。

②TD 在酸性浴中稳定，在碱性浴中才能分解成次硫酸，进而又生成新生态氢，产生强大的还原力。因此，加入烧碱可促进 TD 分解完全，提高利用率。

③烧碱的加入可提高 TD 的溶解度。但化料时，不能和碱剂同浴溶解，以免 TD 分解损耗。

参考文献

[1]董振礼.测色与计算机配色[M].北京:中国纺织出版社,2007.

[2]袁近.染色打样技能训练[M].上海:东华大学出版社,2012.

[3]崔浩然.织物仿色打样使用技术[M].北京:中国纺织出版社,2010.

[4]宋秀芬.印染 CAD/CAM[M].北京:中国纺织出版社,2009.

[5]杨秀稳.染色打样实训[M].北京:中国纺织出版社,2009.

[6]荆妙蕾.纺织品色彩设计[M].北京:中国纺织出版社,2004.

[7]商成杰.新型染整助剂手册[M].北京:中国纺织出版社,2002.

[8]陈胜慧.染整助剂新品种应用与开发[M].北京:中国纺织出版社,2007.

附录

附录一　染料商品性状符号及颜色对照表

英文	中文	英文	中文
pdr. —powder	（普）粉状	mdg. —micro dispersal grains	超分散粒状
pf. —powder fine	细粉	md. —micro dispersal	分散细粉
sf. —super fine	超细粉	ud. —ultra dispersal paste	超分散细粉浆体（单倍）
pffd—powder fine for dyeing	染色用细粉	double paste	双倍浓浆
ecpf. —extra conc powder fine	特浓细粉	liq. —liquid	液体状
coll. —colloisol	悬浮体细粉	esp. —extra supertix paste	特优浆体
exconc—extra conc	特浓	special	专用、特种
gr. —grains	细状	bordeaux	酱
white	白	red bordeaux	红酱
yellow	黄	purple；violet	紫
brilliant yellow	嫩黄、艳黄	dark blue	深蓝
golden yellow	金黄	brilliant bule	艳蓝
golden orange	金橙	navy blue	藏青
orange	橙	green	绿
brilliant orange	艳橙	brilliant green	艳绿
pink	桃红	jade green	翠绿
brilliant pink	艳桃红	olive green	橄榄绿
scarlet red	大红	olive	橄榄
red	红	khaki	卡其
brilliant red	艳红	yellow brown	黄棕
rubine	玉红	brown	棕
red violet	红青莲	red brown	红棕
violet	青莲	grey	灰
brilliant violet	艳紫	black	黑
blue	蓝	dark brown	深棕
sky blue	天蓝	magenta	品红
acid blue	湖蓝	rose；rhodamine	玫瑰红
turquoise blue	翠蓝	sapphire blue	宝石蓝

附录二 全国高职高专院校染色打样学生技能大赛理论考试试题库

一、单项选择题

1. 染料的摩尔吸光度越大,则染料的颜色(　　　)。

　　A. 越浓　　　　　　　　B. 越深　　　　　　　　C. 越淡　　　　　　　　D. 越浅

2. 还原染料还原成隐色体时,一般用的还原剂是(　　　)。

　　A. 烧碱和保险粉　　　B. 雕白粉　　　　　　　C. 硫化钠　　　　　　　D. 亚硫酸钠

3. 轧染时为防止产生头深现象,初染液应该(　　　)。

　　A. 加浓　　　　　　　　　　　　　　　B. 与常规染液(补充液)一致

　　C. 冲淡　　　　　　　　　　　　　　　D. 加入适量扩散剂

4. 国产 KN 型活性染料中的活性基是(　　　)。

　　A. 一氯均三嗪　　　　B. 二氯均三嗪　　　　　C. 乙烯砜　　　　　　　D. 卤代嘧啶

5. 如果用含有偶氮结构的活性染料轧染时,在染液中加入少量防染盐 S,主要是为了防止(　　　)。

　　A. 染料聚集　　　　　B. 染料水解　　　　　　C. 染料氧化　　　　　　D. 染料还原

6. 为提高活性染料染色时的上染百分率可采用(　　　)。

　　A. 高温染色　　　　　　　　　　　　　B. 提高染液的 pH 值

　　C. 在染液中加入电解质　　　　　　　　D. 加大浴比

7. 用还原染料染色后的织物皂煮时间过长,一般会因染料聚集过大而使染物的(　　　)。

　　A. 耐洗牢度下降　　　　　　　　　　　B. 耐汗渍牢度下降

　　C. 耐摩擦牢度下降　　　　　　　　　　D. 耐光牢度下降

8. 阳离子染料的配伍值(K 值)越大,则染料的(　　　)。

　　A. 上染速率越大,匀染性越好　　　　　B. 上染速率越大,匀染性越差

　　C. 上染速率越小,匀染性越好　　　　　D. 上染速率越小,匀染性越差

9. 活性染料与纤维固色后,染浴的 pH 值将会(　　　)。

　　A. 提高　　　　　　　　B. 不变　　　　　　　　C. 降低　　　　　　　　D. 先低后高

10. 在相同的染色条件下,丝光后的织物一般比不丝光的织物色泽(　　　)。

　　A. 深　　　　　　　　　B. 浅　　　　　　　　　C. 浓　　　　　　　　　D. 淡

11. 红、黄、蓝三色的余色分别为(　　　)。

　　A. 紫、绿、橙　　　　　B. 黑、棕、青　　　　　C. 绿、紫、橙

12. 国产 X 型活性染料其活性基的学名为(　　　)。

　　A. 一氯均三嗪　　　　B. 二氯均三嗪　　　　　C. β-乙烯砜

13. 由于 X 型活性染料反应性较高,在(   )中就能固色,因此又叫普通型活性染料。

    A. 低温和弱碱   B. 高温和弱碱   C. 低温和强碱

14. 锦纶用酸性媒染料染色时,媒染处理时要加入(   )。

    A. 大苏打   B. 小苏打   C. 还原剂   D. 氧化剂

15. 酸性染料染色后一般要经过阳离子固色剂处理,以提高湿处理牢度,固色剂处理后,色泽鲜艳度(   )。

    A. 变差   B. 变好   C. 基本不变

16. 分散染料染色时染液中加入磷酸二氢铵,其作用是(   )。

    A. 提高染色牢度   B. 调节染液 pH 值   C. 使染料分散

17. 活性染料染色时可与(   )表面活性剂同浴。

    A. 阴离子型或非离子型   B 阳离子型或非离子型

    C. 各种类型

18. 直接染料除可用于棉纤维的染色外,还用于(   )的染色。

    A. 涤纶   B. 黏胶纤维   C. 腈纶

19. 提高染色温度,上染百分率(   )。

    A. 提高   B. 下降   C. 可能提高也可能下降

20. 中性浴染色的酸性染料,在染浴中加入元明粉起(   )作用。

    A. 促染   B. 缓染   C. 匀染   D. 透染

21. 下列染料中(   )主要用于羊毛的染色。

    A. 硫化染料   B. 分散染料   C. 酸性染料   D. 还原染料

22. 分散染料主要用于(   )的染色。

    A. 棉纤维   B. 涤纶   C. 黏胶纤维   D. 麻纤维

23. 食盐在阳离子染料染色时起(   )作用。

    A. 促染   B. 缓染   C. 助溶   D. 氧化

24. 目前在棉织物染色加工中,(   )染料应用较为广泛。

    A. 活性染料   B. 硫化染料   C. 冰染料   D. 分散染料

25. 分散染料高温高压法染色的温度为(   )左右。

    A.130℃   B.100℃   C.150℃   D.200℃

26. (   )不属于纤维素纤维。

    A. 棉   B. 麻   C. 黏胶纤维   D. 涤纶

27. 对任何纤维都不具有亲和力的为(   )。

    A. 涂料   B. 直接染料   C. 活性染料   D. 酸性染料

28. 下列染料中(   )具有光敏脆损现象。

    A. 还原黄 GCN   B. 还原蓝 RSN   C. 还原大红 R   D. 还原艳绿 FFB

29. 我国国家标准将(   )分为 8 级。

    A. 摩擦牢度   B. 日晒牢度   C. 皂洗牢度   D. 刷洗牢度

30. 活性染料染色时,可用作促染剂是(　　　)。

　　A. NaCl　　　　　　　　B. Na_2CO_3　　　　　　C. $Na_2S_2O_4$　　　　D. HAc

31. 由于 K 型活性染料反应性较低,故需在(　　　)中固色。

　　A. 低温和弱碱　　　　　B. 高温和弱碱　　　　　C. 高温和较强碱

32. 分散剂 NNO 是分散染料染涤纶时常用的(　　　)。

　　A. 还原剂　　　　　　　B. 促染剂　　　　　　　C. 稳定剂　　　　　　D. 氧化剂

33. 阳离子染料的(　　　)越小,染料上染速率越快,得色量越高。

　　A. 配伍值　　　　　　　B. pH 值　　　　　　　C. 饱和值　　　　　　D. 饱和系数

34. 拼色时,应选择(　　　)相近的染料。

　　A. 染色饱和值　　　　　B. 上染速率　　　　　　C. 上染量　　　　　　D. 平衡上染百分率

35. 半染时间即达到平衡上染率一半所需要的时间。半染时间短,表明(　　　)。

　　A. 染料扩散速率慢　　　　　　　　　B. 染料扩散速率快

　　C. 染料平衡上染百分率高　　　　　　D. 染料平衡上染百分率低

36. 食盐、元明粉在酸性染料染羊毛、丝绸中的作用为(　　　)。

　　A. 促染作用　　　　　　　　　　　　B. 根据染浴 pH 值不同,有促染或缓染作用

　　C. 匀染及固色作用　　　　　　　　　D. 缓染作用

37. 还原染料隐色体染色时,常用的还原剂是(　　　)。

　　A. $NaNO_2$　　　　　　　B. $NaBO_3$　　　　　　C. $Na_2S_2O_4$　　　　D. $Na_2S_2O_4 \cdot 2H_2O$

38. 当轧车轧液率不均匀时,极易产生(　　　)。

　　A. 原样色差　　　　　　B. 左中右色差　　　　　C. 前后色差　　　　　D. 反面色差

39. 下列哪种染料染色后要经过固色后整理(　　　)。

　　A. 直接染料　　　　　　B. 阳离子染料　　　　　C. 分散染料　　　　　D. 还原染料

40. 轧染预烘时,若温度过高,极易使织物上的染料发生(　　　)。

　　A. 扩散　　　　　　　　B. 移染　　　　　　　　C. 解吸　　　　　　　D. 泳移

41. 为保证活性染料的固色率,皂煮宜采用助剂(　　　)。

　　A. 中性洗涤剂　　　　　B. 肥皂　　　　　　　　C. 肥皂+纯碱　　　　D. 烧碱+保险粉

42. 精确量取 10mL 染料母液,应选择(　　　)移取。

　　A. 1mL 移液管　　　　B. 5mL 移液管　　　　　C. 10mL 移液管　　　D. 10mL 量筒

43. 利用余色原理消除蓝色中的绿光,补充红光,最合理的方法是加入(　　　)。

　　A. 红色染料　　　　　　B. 橙色染料　　　　　　C. 紫色染料　　　　　D. 黄色染料

44. 欲拼得一艳绿色,应选用染料(　　　)+染料(　　　)。

　　A. 翠蓝 B-BGFN　　　　B. 艳蓝 B-RV　　　　　C. 黄 B-6GL　　　　　D. 黄 B-4RFN

45. 为减少活性染料轧染时的前后色差,常采用的措施之一是(　　　)。

　　A. 初开时轧槽染液按比例稀释　　　　B. 初开时轧槽染液按比例加浓

　　C. 车速开快些　　　　　　　　　　　D. 轧液率调整小些

46. 在评定色差时,标样与试样应(　　　)放置。

　　A. 左右并列　　　　　B. 上下并列　　　　　C. 上下重叠　　　　D. 左右重叠

47. 吸取 2g/L 染料母液 10mL,染 2g 织物,浴比为 1∶50,此时染料的浓度为(　　)。

　　A. 0.5%(owf)　　　B. 1%(owf)　　　C. 2%(owf)　　　D. 4%(owf)

48. 还原染料染色织物最适宜的皂洗后处理方法是(　　)。

　　A. 还原清洗　　　B. 中性皂洗　　　C. 碱性皂洗　　　D. 漂洗

49. 还原染料的半还原时间越长的染料,表示染料(　　)。

　　A. 越易还原　　　B. 还原速度较快　　C. 还原速度较慢　　D. 越难还原

50. 阳离子染料的(　　)值越小,越易染得浓色。

　　A. f 值　　　　　B. S_f 值　　　　　C. S_d 值　　　　　D. K 值

51. 阳离子染料最有效的匀染措施是(　　)。

　　A. 延长染色时间　　　　　　　　B. 加元明粉

　　C. 加阳离子表面活性剂　　　　　D. 提高染色温度

52. 还原染料隐色体电位绝对值越高,表示染料还原越(　　)。

　　A. 易　　　　　　B. 难　　　　　　C. 快　　　　　D. 慢

53. 与标样相比,所打红色小样的蓝光大了,如何修色?(　　)。

　　A. 加少量橙色染料调整色光　　　　B. 加少量红色染料调整色光

　　C. 加少量蓝色染料调整色光　　　　D. 加少量紫色染料调整色光

54. 玉红与大红相比较,(　　)。

　　A. 玉红蓝光较大　　B. 玉红红光较大　　C. 玉红黄光较大　　D. 玉红紫光较大

55. 用轧染法打小样处方浓度单位表示(　　)。

　　A. 染料量占色浆总量的质量百分比　　B. 每升染液中所含染料的质量

　　C. 染料量占织物重量的百分比　　　　D. 染料量占染液重量的百分比

56. 请选出一个拼果绿色的配方。(　　)。

　　A. 活性金黄 KRN1%,活性艳蓝 KGR1%　　B. 活性金黄 KRN1%,活性翠蓝 KNG1%

　　C. 活性嫩黄 K6G1%,活性艳蓝 KGR1%　　D. 活性嫩黄 K6G1%,活性翠蓝 KNG1%

57. D_{65} 光源指的是(　　)。

　　A. 欧洲商场所用光源(烛光)　　　　B. 写字楼灯

　　C. 重组日光　　　　　　　　　　　D. 黄色射灯

58. 三次色中的黄灰,又称棕色,是由(　　)。

　　A. 黄色和绿色相拼混而得　　　　　B. 是由紫色和绿色相拼混而得

　　C. 是由橙色和紫色相拼混而得　　　D. 橙色和绿色相拼混而得

59. 客户的订单中指定按其仿色或生产的色样称为(　　)。

　　A. 标样　　　　　B. 认可样　　　　　C. OK 样　　　　　D. 小样

60. 在不同的光源下,同一色样会呈现出不同的色光,有时甚至面目全非。这种现象哪一种说法不对?(　　)

　　A. 同色异普现象　　B. 色光跳灯性　　C. 灯光变色　　　D. 色样不对色

61. 分散/还原染料一浴法工艺流程正确的是哪一个？（　　　）

    A. 一浸一轧染液→烘干→浸还原液→薄膜汽蒸→焙烘→水洗→皂洗→氧化→水洗

    B. 一浸一轧染液→烘干→焙烘→浸还原液→薄膜汽蒸→水洗→氧化→皂洗→水洗

    C. 一浸一轧染液→烘干→焙烘→浸还原液→薄膜汽蒸→水洗→皂洗→水洗

    D. 一浸一轧染液→烘干→焙烘→水洗→皂洗→氧化→水洗

62. 下列印花处方可以得到什么颜色？（　　　）

涂料大红（owf）	3%
涂料金黄（owf）	1.5%
涂料深蓝（owf）	0.5%

    A. 枣红色　　　　　　　B. 橄榄色　　　　　　C. 深蓝色　　　　　　D. 咖啡色

63. 下列常用染料中，耐洗牢度最差的是（　　　）。

    A. 还原染料　　　　　　B. 活性染料　　　　　C. 直接染料　　　　　D. 硫化染料

64. 拼色用染料的半染时间 $t_{1/2}$ 相同，表示他们的（　　　）相同。

    A. 上染百分率　　　　　B. 上染速率　　　　　C. 亲和力　　　　　　D. 固色率

65. K 型活性染料与纤维素纤维的反应属于（　　　）反应。

    A. 亲核取代　　　　　　B. 亲电取代　　　　　C. 亲核加成　　　　　D. 亲电加成

66. 还原染料在实际染色中，保险粉和烧碱的用量（　　　）理论量。

    A. 小于　　　　　　　　B. 大于　　　　　　　C. 等于　　　　　　　D. 根据色泽而定

67. 分散染料染色涤纶时，适宜的 pH 值为（　　　）。

    A. 10~11　　　　　　　B. 2~3　　　　　　　C. 6~7　　　　　　　D. 4.5~5.5

68. 以下纤维燃烧时有烧毛发气味的是（　　　）。

    A. 锦纶　　　　　　　　B. 羊毛　　　　　　　C. 涤纶　　　C. 棉

69. 腈纶阳离子染料染色时，染液中醋酸的主要作用（　　　）。

    A. 促染作用　　　　　　B. 缓染作用　　　　　C. 助溶作用　　　　　D. 渗透作用

70. 酸性染料染羊毛时，在染色过程中补加酸剂的目的是（　　　）。

    A. 促染　　　　　　　　B. 缓染　　　　　　　C. 渗透　　　　　　　D. 匀染

71. 染涤/棉针织物，应该选择（　　　）染色设备。

    A. 高温高压溢流染色机　　　　　　　　B. 常温常压染缸或轧染机

    C. 高温高压染缸或轧染机　　　　　　　D. 常温常压染缸或绳状染色机

72. 色与色之间最根本的区别在于（　　　）。

    A. 色泽　　　　　　　　B. 色调　　　　　　　C. 纯度　　　　　　　D. 亮度

73. 下列染料中（　　　）主要用于蛋白质纤维的染色。

    A. 硫化染料　　　　　　B. 分散染料　　　　　C. 酸性染料　　　　　D. 还原染料

74. 减少染料泳移最有效的烘干方式为（　　　）烘干。

    A. 热风　　　　　　　　B. 红外线　　　　　　C. 烘筒　　　　　　　D. 熨烫

75. 浴比为 1:30，则表示 1g 织物用（　　　）。

A. 30mL 染料母液　　　B. 30g 染料　　　C. 30mL 水　　　D. 30mL 染液

76. 食盐在活性染料染液中起(　　)作用。

　　A. 促染　　　　　　B. 染料水解　　　C. 缓染　　　　　D. 染料还原

77. 分子结构中具有反应性基团的染料为(　　)。

　　A. 分散染料　　　　B. 还原染料　　　C. 不溶性偶氮染料D. 活性染料

78. 染料名称中的百分数代表的是(　　)。

　　A. 染料纯度　　　　B. 染料的力份　　C. 染料精度　　　D. 都不是

79. 分散染料热熔法染色的温度为(　　)左右。

　　A. 130℃　　　　　　B. 100℃　　　　　C. 150℃　　　　　D. 220℃

80. 具有二氯均三嗪反应性基团的染料为(　　)活性染料。

　　A. K 型　　　　　　B. X 型　　　　　　C. KN 型　　　　　D. 都不是

81. 分散染料高温高压染色时其染浴 pH 值应控制在(　　)。

　　A. 5~6　　　　　　　B. 13~14　　　　　C. 9~10　　　　　D. 7~8

82. 自然界中色感觉的三属性是(　　)。

　　A. 深度、浅度、亮度　B. 明度、暗度、灰度　C. 色调、纯度、亮度　D. 深度、亮度、灰度

83. 当物体把入射光全部吸收时,物体呈现的颜色是(　　)。

　　A. 黑色　　　　　　B. 白色　　　　　　C. 彩色　　　　　D. 透明

84. 减色法混色中,红颜色的余色是(　　)。

　　A. 青色　　　　　　B. 蓝色　　　　　　C. 黄色　　　　　D. 绿光

85. 自然界中黄光的互补色光是(　　)。

　　A. 白光　　　　　　B. 蓝光　　　　　　C. 红光　　　　　D. 青光

86. 染料的染色过程一般包括(　　)阶段。

　　A. 吸附、扩散、固着　B. 吸附、固着　　　C. 吸附、扩散　　　D. 溶解、吸附

87. 两只同类型染料拼色时,应选用半染时间(　　)的染料。

　　A. 相近　　　　　　B. 不一致　　　　　C. 长　　　　　　D. 短

88. 可见光的波长范围在(　　)。

　　A. 380~780nm　　　　B. 780~1000nm　　　C. 380~480nm　　　D. 335~365nm

89. 光谱色中无相对应波长的色调是(　　)。

　　A. 紫色　　　　　　B. 红色　　　　　　C. 绿色　　　　　D. 红紫色

90. 染料直接性的大小可以用(　　)来衡量。

　　A. 染色平衡时上染百分率　　　　　　　B. 上染百分率

　　C. 染色时间　　　　　　　　　　　　　D. 染料用量

91. 染色达到平衡时,染料的上染速率与解吸速率相比(　　)。

　　A. 相等　　　　　　B. 更大　　　　　　C. 更小　　　　　D. 更大或更小

92. 染料与纤维间的作用力类型有(　　)等。

　　A. 分子间作用力　　　　　　　　　　　B. 共价键、离子键及配位键

C. 范德华力、氢键、共价键、离子键、配位键　　D. 氢键、共价键

93. 天然棉纤维适宜用下列(　　)染料染色。

A. 酸性染料　　　　B. 分散染料　　　　C. 直接染料　　　D. 阳离子染料

94. 锦纶适合用下列(　　)染料染色。

A. 酸性染料　　　　B. 硫化染料　　　　C. 硫化还原染料　D. 阳离子染料

95. 为了提高直接染料对棉纤维的上染率,可采用(　　)的方法。

A. 加酸或加食盐　　　　　　　　　　B. 加碱或加食盐

C. 加元明粉或加食盐　　　　　　　　D. 以上均可

96. 棉织物用直接染料染色时,分批加入电解质的目的是(　　)。

A. 缓染和匀染　　　B. 促染和匀染　　　C. 促染　　　　　D. 促染和固色

97. 为提高直接染料染色牢度,可用(　　)后处理,但色泽变(　　)。

A. 金属固色盐,更加鲜艳　　　　　　B. 金属固色盐,深而萎暗

C. 烧碱,更加鲜艳　　　　　　　　　D. 烧碱,深而萎暗

98. 直接染料除用于纤维素纤维的染色外,还可以用于(　　)纤维的染色。

A. 羊毛或锦纶　　　B. 锦纶或涤纶　　　C. 羊毛或涤纶　　D. 锦纶或氨纶

99. K 型活性染料是在(　　)条件下与纤维素纤维(　　)基发生反应。

A. 碱性、羟基　　　B. 酸性、氨基　　　C. 酸性、羟基　　D. 碱性、氨基

100. 分散染料上染涤纶,在纤维内部扩散的形式是(　　)状态。

A. 染料颗粒　　　　B. 单分子　　　　　C. 颗粒聚集体　　D. 离子

101. K 型活性染料上染固着后,与棉纤维间的主要作用力是(　　)。

A. 分子间作用力　　B. 共价键　　　　　C. 氢键　　　　　D. 离子键

102. KN 型活性染料浸染棉织物工艺的固色温度为(　　)。

A. 60~70℃　　　　B. 30~40℃　　　　C. 40℃~50℃　　D. 80~90℃

103. X 型活性染料浸染工艺的固色温度为(　　)。

A. 60~70℃　　　　B. 30~40℃　　　　C. 50~60℃　　　D. 20~30℃

104. 下列染料中,(　　)的黄色品种有光敏脆损现象。

A. 还原染料　　　　B. 直接染料　　　　C. 分散染料　　　D. 硫化染料

105. 蓝蒽酮类还原染料(如还原蓝 RSN)在保险粉浓度过高、温度过高时易产生(　　)。

A. 色浅或染料失去亲和力　　　　　　B. 色深或染料失去亲和力

C. 色深或染料亲和力提高　　　　　　D. 色浅或染料亲和力提高

106. 干缸还原法较适合(　　)的还原染料。

A. 氧化速率较慢　　B. 还原速率较慢　　C. 氧化速率较快　D. 还原速率较快

107. 还原染料悬浮体轧染工艺染色时,汽蒸温度一般为(　　)。

A. 100~102℃　　　B. 50~60℃　　　　C. 60~70℃　　　D. 120~125℃

108. 硫化染料常用于棉织物深色的染色,但有些染料有(　　)现象。

A. 光敏脆损　　　　B. 储存脆损　　　　C. 溶解　　　　　D. 升华

二、判断题

(   )1. 为了提高棉织物上活性染料的得色量,可采用在染液里加入食盐等电解质。

(   )2. 如果把三原色中的红、黄、蓝三色等量混合可得橙灰色。

(   )3. 提高染液温度,上染百分率提高。

(   )4. 适合染中浅色的是还原染料。

(   )5. 一般说,提高染液温度,染料在染液中的分散度提高。

(   )6. 染色过程一般包括吸附、扩散、固着三个阶段。

(   )7. 染料能上染纤维是因为染料在溶液中的化学位大于染料在纤维中的化学位。

(   )8. 染色饱和值是指染料在任意温度下纤维上的最大上染量。

(   )9. 浸染法所用的染料通常采用分次加入的方法以求染色均匀,并加促染剂以提高染料的利用率。

(   )10. 染料具有颜色是由于对光波选择性吸收的结果。

(   )11. 一般商品染料采用三段命名法,即冠称、署名、色称。

(   )12. 为了提高活性染料的上染率,上染过程中可采用提高染液温度的方法来达到。

(   )13. 染整企业中,常需将几种染料混合起来使用,即拼色,染料的拼色属于加法混色。

(   )14. 纺织品的染色方法有浸染和轧染,染料浓度一般是用百分数来表示。

(   )15. 筒子染色机与绞纱染色机相比,前者生产效率高。

(   )16. 染色生产时,更换色相差异大的色泽清洁工作未做好,会造成条花。

(   )17. 染整用水的水质对印染产品的质量关系不大。

(   )18. 分子结构中凡含有偶氮结构的染料均属于禁用染料。

(   )19. 不溶性偶氮染料因其具有优良的性能目前被广泛应用于棉织物的染色中。

(   )20. 活性染料染色时碱剂的类型及用量应根据染料的反应性能及色泽深浅来定。

(   )21. 还原染料悬浮体轧染可减少白芯现象的发生。

(   )22. 涂料染色具有流程短,重现性好等特点,目前可用于所有色泽的染色。

(   )23. 可溶性还原染料具有优异的色牢度和匀染性,并且价位也较低。

(   )24. 不同的染色产品对色牢度的要求都是一样的。

(   )25. 涤棉混纺织物染浅色时可用单一分散染料进行染色。

(   )26. 活性染料染色具有较高的固色率。

(   )27. 阳离子染料的水溶性较低。

(   )28. 活性染料的水解性与碱剂的加入无关。

(   )29. 活性染料轧染时加入尿素的主要作用是促染。

(   )30. 直接染料具有色泽鲜艳,色谱齐全,水洗牢度优良等性能。

(   )31. 分散染料具有极低的水溶性。

(   )33. 分散染料只能对涤纶上染。

(   )32. 浸染时匀染性与浴比、染料性能、设备等因素关系密切,与其他因素无关。

(   )33. 酸性染料染锦纶,一般需要固色以提高湿处理牢度。

（　）34. 审核染色样色光时应在阳光充足的光线下审核。

（　）35. 棉针织物适宜采用紧式染色加工。

（　）37. 分散染料高温高压染色时，加入醋酸和醋酸钠的目的是调节 $pH = 5 \sim 6$，防止染料发生水解色变等。

（　）38. 阳离子染料染腈纶时，加入中性电解质可以提高染料的上染百分率。

（　）39. 活性染料一浴二步法就是被染物先在中性浴中进行染色然后再将被染物投入碱浴中进行固色。

（　）40. 为了防止活性染料在汽蒸过程中受还原性气体或还原性物质的影响，不使色泽变暗，在染浴中要加入适量的尿素。

（　）41. 在安排染色产品生产时，尽量从浅色到深色，这样能缩短机台的清洁工作时间。

（　）42. 打浅淡色浸染小样时，染料母液浓度宜配制低些。

（　）43. 活性红 M-2B 没有活性红 M-8B 的颜色深浓。

（　）44. 若染料溶液的 λ_{max} 向长波方向移动，表示该染料的颜色变浓。

（　）45. 力份是指商品染料中纯染料的百分含量。

（　）46. 碱性高温皂煮有利于提高还原染料染色织物色牢度，且能稳定色光。

（　）47. 活性染料冷轧堆染色法，水耗大、能耗高。

（　）48. 配制 10g/L 的染料溶液 100mL，需称取 0.1g 固体染料。

（　）49. B 型活性染料是一类中温型染料。

（　）50. K/S 值越大，表示染色织物的表面色泽越深浓。

（　）51. 阳离子染料 K 值越大，表示上染速率越快，越易染得深浓色。

（　）52. 染料有颜色是它选择吸收了可见光中不同波长的光。

（　）53. 由于腈纶第三单体含量低，染座数量少，故易出现竞染现象。

（　）54. 强酸性染料染羊毛，染料—纤维间的结合形式主要为范德华力和氢键。

（　）55. 为提高还原染料悬浮体轧染的匀染性和透染性，除染料需经研磨外，染液温度应适当高些。

（　）56. 含有—COONa 的染料在碱性溶液中溶解度降低。

（　）57. 三原色是不能由其他任意色混合而得到的颜色。

（　）58. 相互起消色作用的两种颜色互为余色。

（　）69. 实际染色加工中常用还原染料拼深蓝色。

（　）60. 实际染色加工中一般不用还原染料拼黑色。

（　）61. 配色时无论固体染料浓度是多少，都可以用电子天平来精确称量。

（　）62. 母浆是由染料和原糊组成的。

（　）63. 分别取 10g/L 的染液 100mL、50mL、10mL 加水到 1L 即可配成 1g/L，0.5g/L，0.1g/L 的染液。

（　）64. 还原染料一般不用红、黄、蓝三原色拼色，常用还原棕 BR、还原橄榄 T、还原黄 G、还原黑 RB 等拼色。拼色不是很直观，难度比较大。

(   )65. 嫩黄比金黄红光较大。

(   )66. 活性染料艳蓝 KGR 比活性染料翠蓝 KNG 的红光大。

(   )67. 腈纶的饱和值和阳离子染料的饱和值是衡量腈纶染色性能和制订合理染色工艺的重要参数。

(   )68. 活性染料轧染法工艺中,浸轧固色液的组成是碳酸钠 30g/L,食盐 200g/L+2% 染料溶液。

(   )69. 用此处方打小样,可以得到咖啡色。

涂料大红 FFGG	1.7%
涂料金黄 FGR	2.6%
涂料深蓝 FR	0.6%

(   )70. 涂料在染色中一般只用来修色。

(   )71. 用此处方打小样,可以得到黑色。

分散蓝 2BLN	5%(owf)
分散红 3B	2%(owf)
分散黄 RGFL	1%(owf)

(   )72. 活性染料在酸性条件下可以染真丝但不能染棉纤维。

(   )73. 活性染料与纤维的键合机理主要为亲核加成和亲核取代反应。

(   )74. 织物染色时,染料的吸附和扩散是分阶段进行的。

(   )75. 前处理的目的就是在使坯布受损很小的条件下,除去织物上的各类杂质。

(   )76. 拼色染料用量越高,染色织物所测得的亮度越暗。

(   )77. 100%分散红 3B 比 300%分散红 3B 含量低。

(   )78. 某一色泽的纯度即为其饱和度。

(   )79. 纺织品色泽的皂洗牢度共分为 8 级。

(   )80. 纺织品的色差是指染色制品的色泽深浅不一、色光不同。

(   )81. 染色时,当$[D]_s=[D]_f$时则染色达到平衡。

(   )82. 减法混色中,黄色与绿色互为余色关系。

(   )83. 每只阳离子染料染色时,都有一个染色饱和值。

(   )84. 可溶性还原染料名称中的色称,一般表示的是染料氧化显色为还原染料的色泽,而不是可溶性还原染料的色泽。

(   )85. 阳离子染料的配伍性用 K 表示,K 值越大,表示染料上染速率越快,匀染性差。

(   )86. 分散染料配料时,宜采用高温化料,否则染料易凝聚。

(   )87. 活性/分散染料只能对涤纶染色,而无法对棉纤维染色。

(   )88. 中性染料对锦纶的亲和力较大,初染率高,移染性能差,故始染温度要低,要控制升温,否则易染花。

(   )89. X 型活性染料宜采用强碱性物质固色。

(   )90. 硫化染料不溶于水,需先用还原剂还原成隐色体而上染,后经氧化固着在纤维上。

（　）91. 冷轧堆染色最适宜用反应性强,直接性高而扩散快的活性染料。

（　）92. KN 型活性染料比 K 型活性染料更易产生"风印"疵病。

三、计算题

1. 某印染厂在 Q113 绳状染色机上用活性染料染棉织物,已知织物重 200kg,加入的染料重为 10kg,浴比为 1∶20,染色结束时,测得残液中的染液浓度为 1g/L,求该活性染料的上染百分率(染液密度视为 1g/mL,假设染色后染液量不变)。

2. 用活性染料染棉织物,已知布重 2g,染液处方如下:

活性翠蓝 K-GL(owf)	1.2%
纯碱	10g/L
元明粉	30g/L
浴比	1∶30

试问(1)需加入活性翠蓝 K-GL、纯碱、食盐的量分别是多少? 若染料母液浓度为 2g/L,则可移取该浓度的染料多少?

（2）加完碱剂后所应采用的固色温度一般是多少?

3. 某织物在卷染时,每轴布长为 180m,已知该织物的布重为 137g/m²,幅宽为 44 英寸①,从小样得知染料用量是织物重量的 2.56%。问该轴布染色时,实际需用染料多少 kg?

4. 在卷染机上用直接染料染棉织物,已知每卷布重 50kg,染液处方如下:

20%直接枣红(owf)	2.5%
纯碱	0.5g/L
食盐(owf)	4%
浴比	1∶4
染色温度	90℃
染色时间	60min

试求:(1)各染化料用量。(2)说明食盐和纯碱的作用。

5. 浸染时被染物重 50kg,浴比为 1∶15,染料浓度为红 1.5%,黄 0.8%,蓝 0.25%,试计算染液体积及所用染料量。

6. 计算下列处方:

染料	工艺要求	实际用量(g)
瑞华素红(%,owf)	3	
食盐(g/L)	30	
纯碱(g/L)	20	
浴比	1∶50	
织物重(g)	2	

---

① 1 英寸=2.54cm

若配制染料母液浓度为5g/L,则应吸取多少毫升母液? 加多少毫升水? 食盐与纯碱用量各为多少?

7. 现有处方:活性红 3BS   2%

            活性黑 V   0.05%

所配染料母液均为 10g/L,布重为 2g,处方为下表(中温型染料)

	浅色				中色			深色		
试样编号	1	2	3	4	5	6	7	8	9	10
染料 (%,owf)	0.04	0.08	0.16	0.32	0.5	0.8	1.2	2.0	2.5	3
食盐(g/L)	10				25			40		
纯碱(g/L)	10				20			25		
浴比	1:30									

问:需配染液总量为多少? 两种染料应该各取多少? 应该称取食盐和纯碱各多少克?

8. 染色处方和条件见下表,请计算染料和助剂的用量。若配制染料母液浓度为5g/L,则应吸取多少毫升母液? 加多少毫升水?

	工艺要求	实际用量(g)
染料(%,owf)	5	
助剂(g/L)	20	
浴比	1:100	
织物重(g)	2	

9. 浸染时被染物重为60kg,浴比为 1:12,活性红 R-V 用量为 0.57%(owf),活性黄 Y-3RL 用量为 1.45%(owf),活性蓝 B-AFN 用量为 0.1%(owf),请计算染液体积及三种染料的用量。

10. 已知棉布重 2g,染料用量为活性黄 M-2RE2%,纯碱 10g/L,食盐 25g/L,浴比 1:50。(1)计算工作液的量。(2)纯碱、食盐的量分别是多少。(3)若染料母液浓度为 2g/L,则需移取染料母液多少毫升?

11. 写出将下列处方所示颜色加浓二成和减淡二成后的处方。

           活性翠蓝 KN-G   2g/L

           活性嫩黄 M-7G   10g/L

           活性大红 B-3G   3g/L

12. 用阳离子染料染腈纶,已知腈纶的饱和值为2.3,请通过计算判断下列处方用量是否合理?

染料、助剂	用量(%,owf)	饱和系数
阳离子黄 X-6G	0.9	0.66
阳离子蓝 X-GR	2.5	0.50
匀染剂 TAN	1.0	0.58

13. 根据下表写出所打色样的处方:

浴比	1:50
织物重量(g)	2
染料量(g)	0.02
称取 10g/L 的分散蓝 2BLN 母液(mL)	2mL
染料量(g)	0.01
称取 10g/L 的分散黄 RGFL 母液(mL)	1mL

14. 分别写出将下列处方所示颜色加深三成和减浅三成后的处方。

$$\text{活性黑 KBR} \qquad 50g/L$$
$$\text{活性金黄 KRN} \qquad 15g/L$$
$$\text{活性红 K2BP} \qquad 20g/L$$

15. 已知某印染厂连续轧染染色机,配 500L 染液可生产纯棉织物 2000m 左右,每米布重 500g,请问按以下处方生产该纯棉布 2000m 大约需要多少染料?

$$\text{活性艳蓝 KGR} \qquad 15g/L$$
$$\text{活性金黄 KRN} \qquad 8g/L$$

16. 某色样色浆的配制方法如下所示:

(1)配制 100g 2% 的涂料大红 8111 色浆:称取空烧杯重量,记录数值;再用电子天平精确称取 2g 涂料大红 8111,加入白浆至总量为 100g,搅匀即可。贴好标签——2% 涂料大红 8111。

(2)配制 100g 2% 的涂料金黄 8204 色浆,方法同上。

称取 2% 的涂料大红 8111 色浆 50g,加入 2% 的涂料金黄 8204 色浆 50g。搅拌均匀。请写出此色样的处方。

17. 现有如下处方的涂料色浆 100g:

$$\begin{cases} \text{涂料大红 FFGG} & 2.6\%(\text{owf}) \\ \text{涂料金黄 FGR} & 1.5\%(\text{owf}) \end{cases}$$

若打出的印花小样比标样深了三成,如何利用此色浆得到所需标样的色浆? 并写出 OK 样的处方。

18. 仿印花色样时,配制 0.25% 活性红 K2BP 的印花色浆 100g,需称取 1% 的染料母浆多少克?

19. 织物重 2g,浴比为 1:50,染料为 5%(owf),硫酸钠用量为 20g/L,问:(1)染液总体积为多少毫升? (2)吸取浓度为 5g/L 的染料母液多少毫升? (3)称取硫酸钠多少克? (4)加水多少毫升?

四、简答题

1. 判断下列处方是否合理? 如何修改?

活性金黄 KRN	1.2%
活性艳蓝 KGR	1.8%
活性红 XZB	0.3%

2. DE 和 ΔE 表示什么? ΔE_{CMC} 表示什么?

3. 色差评定的方法有哪些?

4. 怎样利用 3% 的涂料印花色浆配成 0.5% 的涂料印花色浆?

5. 如何提高打小样的重现性?

6. 拼色应遵循哪些基本原则? 说明三原色宝塔图在仿色过程中的作用。

7. 为提高活性染料对棉纤维的上染率,在上染过程中可否采取下列措施? 为什么?

(1)加入电解质促染。

(2)提高染液温度。

(3)采用小浴比染色。

8. 某染整厂有一纯棉针织物的染色工艺处方如下:

活性红 B-2BF	1%(owf)
活性黄 B-4RFN	0.6%(owf)
NaCl	30g/L
Na₂CO₃	20g/L

请你根据该处方按 4g 织物、浴比 1:50 计进行实验室打样设计。则:

(1)设计打样工艺流程。

(2)打样需哪些仪器?

(3)工作液如何配制?

(4)简述操作主要步骤。

9. 简述配色基本原则。

10. 简述审核染色样色光时的注意要点。

11. 简述分散染料的类型及特点,写出分散染料热熔法染色的工艺流程及主要工艺条件。

12. 简述还原染料的染色特点,并写出还原染料悬浮体轧染的工艺流程。

13. 试设计一活性染料对棉织物轧染的工艺(包括工艺流程、染液组成、各助剂的作用、主要工艺条件等)。

14. 在染色色光调整中如何正确使用余色原理和补色原理?

15. 何谓染色盐效应? 说明盐效应的种类及其原理。

附录三　试题库答案

一、单项选择题

1	2	3	4	5	6	7	8	9	10
A	A	C	C	D	C	C	C	C	C
11	12	13	14	15	16	17	18	19	20
C	B	A	A	C	B	A	B	C	A
21	22	23	24	25	26	27	28	29	30
C	B	B	A	A	D	A	A	B	A
31	32	33	34	35	36	37	38	39	40
C	C	A	B	B	B	C	B	A	D
41	42	43	44	45	46	47	48	49	50
A	C	C	A　C	A	A	B	C	C	A
51	52	53	54	55	56	57	58	59	60
C	B	A	A	B	D	C	D	A	D
61	62	63	64	65	66	67	68	69	70
B	A	C	B	A	B	D	B	B	A
71	72	73	74	75	76	77	78	79	80
A	B	C	B	D	A	D	C	D	A
81	82	83	84	85	86	87	88	89	90
A	C	A	A	B	A	A	A	D	A
91	92	93	94	95	96	97	98	99	100
A	C	C	A	C	B	B	A	A	B
101	102	103	104	105	106	107	108		
B	A	D	A	A	B	A	B		

二、判断题

1	2	3	4	5	6	7	8	9	10
√	×	×	×	√	√	×	×	√	×
11	12	13	14	15	16	17	18	19	20

续表

×	×	×	×	√	×	×	×	×	√
21	22	23	24	25	26	27	28	29	30
√	×	×	×	√	×	×	×	√	×
31	32	33	34	35	36	37	38	39	40
√	×	×	√	√	×	√	×	√	×
41	42	43	44	45	46	47	48	49	50
√	√	×	×	×	√	×	×	√	×
51	52	53	54	55	56	57	58	59	60
×	√	√	×	×	×	√	√	×	√
61	62	63	64	65	66	67	68	69	70
×	√	√	√	×	√	√	√	√	√
71	72	73	74	75	76	77	78	79	80
×	√	√	×	√	×	×	√	×	√
81	82	83	84	85	86	87	88	89	90
×	×	√	√	×	×	×	√	×	√
91	92								
√	√								

三、计算题

1. 解：残液中染料量 = 200×20×0.001 = 4kg

$$上染百分率 = \frac{10-4}{10} \times 100\% = 60\%$$

2. 解：（1）因为坯布重 2g，浴比为 1∶30，则工作液为 60mL。

需纯碱用量为：60mL×10g/L = 0.6g

食盐用量为：60mL×30g/L = 1.8g

活性翠蓝 K-GL：2g×1.2% = 0.024g

可移取该浓度的染料为：0.024×1000/2 = 12mL

（2）温度为 90℃左右。

3. 解：布长 = 180m，布重 = 137g/m²

幅宽 = 44 英寸 = 44×2.54cm = 111.76cm = 1.1176m

布的总面积 S = 180×1.1176 = 201.168m²

总质量 M = S×137g/m² = 27560.2g = 27.56002kg

染料用量 = M×2.56% = 27.56002×2.56% = 0.75537kg ≈ 0.71kg

4. 解：（1）20%直接染料枣红：2.5%×50kg = 1.25kg

纯碱：4×50×0.5g = 100g

食盐：4%×50kg = 2kg

（2）食盐在染色过程作促染剂,纯碱在染色过程中作软水剂。

5. 解:体积:$50×15=750L$

  染料量:红 $50×1.5\%=0.75kg$

  黄 $50×0.8\%=0.40kg$

  蓝 $50×0.25\%=0.125kg$

6. 解:母液量:$(0.06×1000)/5=12mL$

  加入水:$2×50-12=88mL$

  食盐:$30×0.1=3g$

  纯碱:$20×0.1=2g$

7. 解:染液总量:$2×30=60mL$

  取活性红 3BS 母液（10g/L）:$\dfrac{2×2\%}{10}×1000=4mL$

  取活性黑 V 母液（10g/L）:$\dfrac{2×0.05\%}{10}×1000=0.1mL$

  食盐:$40×60÷1000=2.4g$

  纯碱:$25×60÷1000=1.5g$

8. 解:染料用量:$2×5\%=0.1g$

  助剂用量:$\dfrac{2×100}{1000}×20=4g$

  染液总量:$2×100=200mL$

  吸取母液量:$(0.1÷5)×10^3=20mL$

  加水量:$200-20=180mL$

9. 解:染液体积:$60×12=720L$

  活性红 R-V 用量:$60×0.57\%=0.342kg=342g$

  活性黄 Y-3RL 用量:$60×1.45\%=0.87kg=870g$

  活性蓝 B-AFN 用量:$60×0.1\%=0.06kg=60g$

10. 解:工作液:$2×50=100mL$

  纯碱用量:$\dfrac{2×50}{1000}×10=1g$

  食盐用量:$\dfrac{2×50}{1000}×25=2.5g$

  移取母液量:$(2×2\%)÷2×10^3=20mL$

11. 解:

	加浓二成	减淡二成
活性翠兰 KN-G	2.4g/L	1.6g/L
活性嫩黄 M-7G	12g/L	8g/L
活性大红 B-3G	3.6g/L	2.4g/L

12. 解:$(0.9×0.66)+(2.5×0.50)+(1.0×0.58)=2.424$

因为,2.424 大于所染纤维的染色饱和值 2.3,所以,该处方用量不合理。

13. 解:$\begin{cases} 分散蓝\ 2BLN & 1\%(owf) \\ 分散黄\ RGFL & 0.5\%(owf) \end{cases}$

14. 解:加深三成后的处方:

$\begin{cases} 活性黑\ KBR & 65g/L \\ 活性金黄\ KRN & 19.5g/L \\ 活性红\ K2BP & 26g/L \end{cases}$

减浅三成后的处方:

$\begin{cases} 活性黑\ KBR & 35g/L \\ 活性金黄\ KRN & 10.5g/L \\ 活性红\ K2BP & 14g/L \end{cases}$

15. 解:$\begin{cases} 活性艳蓝\ KGR & 7500g \\ 活性金黄\ KRN & 4000g \end{cases}$

16. 解:$\begin{cases} 涂料大红\ 8111 & 1\% \\ 涂料金黄\ 8204 & 1\% \end{cases}$

17. 解:(1)将此色 7∶3 冲浅

先做 100g 涂料白浆,然后取此色浆 70g,加入 30g 涂料白浆搅匀即可。

(2)此时 OK 样处方为$\begin{cases} 涂料大红\ FFGG & 1.82\% \\ 涂料金黄\ FGR & 1.05\% \end{cases}$

18. 解:设称取 1% 的染料母浆 Xg

∵ $0.25\% \times 100g = 1\% X$

∴ $X = \dfrac{(0.25\% \times 100g)}{1\%} = 25g$

答:称取 1% 的染料母浆 25g。

19. 解:根据浴比可知,配制染液总体积为:$50 \times 2 = 100mL$

吸取浓度为 5g/L 的染料母液:$2 \times 5\%/5 = 0.02L = 20mL$

硫酸钠:$20 \times 100 \times 10^{-3} = 2g$

加水:$100 - 20 = 80mL$

四、简答题

1. 答:不合理。应将活性红 X2B 换为活性红 K2BP。

2. 答:DE 和 ΔE 表示两个颜色彼此间的差异值。ΔE_{CMC} 表示计算颜色间的差异值是以 CMC 色差式来计算的。

3. 答:色差评定常用人工目测,也可用电脑测配色仪测定。

4. 答:将 3% 的涂料色浆按 1∶5 冲淡:取配好的 3% 的涂料色浆 20g,加入 100g 白浆,搅匀即可。

5. 答:(1)打样用织物规格、批号应相同。

（2）称料、吸料应精确。

（3）工艺方法与条件应恒定。

（4）操作规范且前后一致。

（5）重视操作细节：玻璃棒不混用、量具正确使用、加料顺序正确、表面皿使用正确、皂煮时间、水洗方法一致等。

6. 答：（1）拼色原则：

①"相近"原则：拼色染料的染色性能应尽量相近。如亲和力等。

②"少量"原则：拼色时染料只数应尽量少些，尤其是拼鲜艳色泽。

③"微调"原则：利用余色原理调整色光只能用微量的染料，以免影响鲜艳度，严重时还会影响色相。

④"就近、补充"原则：应选择与目标色泽最接近的染料拼色，同时应做到选用一只染料，能获得两种或两种以上的效果。

（2）宝塔图作用：了解三原色以不同比例拼混后，能获得的色泽效果。

7. 答：（1）可以。（2）不可以。（3）可以。

8. 答：（1）润湿织物→配制染液→染色（60~70℃，15min-加1/2食盐，15min-加1/2食盐和纯碱，30min）→温水洗（60℃，5min）→冷水洗（5min）→晾干或烘干

（2）水浴锅、电子天平、烘箱、剪刀、容量瓶、烧杯、量筒、吸量管、玻璃棒。

（3）根据处方吸取2g/L母液活性红B-2BF　20mL和活性黄B-4RFN　12mL，加水168mL，配成200mL工作液。

（4）主要操作步骤：

①裁剪并称取织物4g，用温水润湿织物。

②按处方计算并称量取各试剂、母液及水，配制染色工作液。

③打开水浴锅，放入染浴烧杯开始升温至65℃，达到温度后投入已润湿织物，按工艺曲线控制时间和加入助剂，期间每隔2~3min搅拌一次，同时要注意织物不可以露出液面。

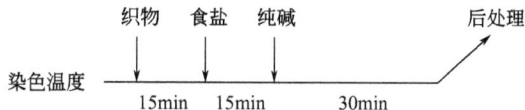

④染后，先用60℃热水洗5min，再用冷水洗5min，最后皂洗（中性洗涤剂，90℃，10min），冷水洗净，烘干。

9. 配色基本原则：

（1）选择同一应用类型染料拼色。

（2）选择性能相同或相近的染料进行拼色。

（3）拼色染料只数越少越好。

（4）注意染料的色调和色光，掌握好补色，余色原理。

10. 审核染色样色光时的注意要点：

（1）要在客户要求的标准光源下对色。

（2）如果没有标准光源箱，要在北窗散射光下对色。

（3）不要长时间的用眼对色，看一定时间后要休息片刻。

（4）布样烘干后要冷却一定时间再对色。

11. 答：类型及特点：高温型：分子结构复杂，体积较大，扩散性移染性较差，升华牢度较高，染色需在较高温度下进行；低温型：分子体积较小，结构简单，扩散性移染性较好，升华牢度较低，染色需在较低温度下进行；中温型：性能介于两者之间。

工艺流程：轧染液→烘干→焙烘→水洗后处理

工艺条件：轧液率、温度（染液温度应低于 45℃、烘干温度 120℃ 左右、焙烘温度 180～210℃ 左右）、焙烘时间 1～2min。

12. 答：特点：品种多，色谱全，色泽鲜艳，牢度好，但价位高，红色品种少，工艺过程复杂，个别染料有光脆作用。

工艺流程：轧染液→预烘→烘干→轧还原液→汽蒸→水洗→氧化→皂洗→水洗→烘干

13. 答：工艺流程：轧染液（轧液率 60% ～ 65%）→烘干→轧固色液→汽蒸（102℃，2～3 min）→水洗后处理

染液组成：染料、尿素、润湿剂、防泳移剂等。

固色液组成：碱剂、食盐。

各助剂作用：尿素：助溶、吸湿、膨化纤维。

碱剂：固色。

食盐：促染。

润湿剂：渗透润湿作用。

防泳移剂：防止染料泳移。

14. 余色原理主要应用于浓暗颜色的色光调整，通过加入微量与需要消去色光互为余色的染料进行的。

补色原理主要应用于淡、艳、明快色的色光调整，通过色光与需要削去色光互为补色的同色调染料调整色光。

15. 盐效应：在染色过程中加入中性电解质后对染料上染（如上染速率、上染百分率等）的影响。

促染效应：当染料与纤维带有同号电荷时加入中性电解质后，钠离子使纤维所带的部分电荷中和，从而降低了染料与纤维间的斥力，因此起促染效应。

缓染效应：当染料与纤维带有异号电荷时加入中性电解质后，钠离子使纤维所带的部分电荷被中和，从而降低了染料与纤维间的引力，因此起缓染效应。

书目：轻化工程类

书 名	作 者	定价(元)
工具书		
印染分析化验手册	曾林泉	128.00
生态轻纺产品检测标准应用	周传铭 等	80.00
印染手册(第二版)	上海印染工业行业协会	248.00
化学助剂分析与应用手册(上、中、下)	黄茂福	550.00
染料应用手册(第二版)(上、下)	房宽峻	398.00

【规划教材】

书 名	作 者	定价(元)
纺织应用化学与实验(国家级,附光盘)	伍天荣主编	36.00
印染产品质量控制(第二版)(部委级)	曹修平 等	25.00
染料生产技术概论(部委级,附光盘)	于松华	32.00
基础化学(第二版)(下册)(部委级,附光盘)	刘妙丽	34.00
印染概论(第二版)(国家级,附光盘)	郑光洪	32.00
纤维纺丝工艺与质量控制(上册)(部委级,附光盘)	杨东洁	45.00
染料化学	路艳华主编	28.00
染整设备	廖选亭主编	34.00
染整技术(第一册)	林细姣主编	35.00
染整技术(第二册)	沈志平主编	36.00
染整技术(第三册)	王宏主编	26.00
染整技术(第四册)	林杰主编	32.00
染整废水处理	王淑荣主编	28.00
染整技术实验	蔡苏英主编	42.00
针织物染整工艺学	李晓春主编	45.00
印染生产组织与控制	陈敏	36.00
织物印花与打版	陈敏	36.00
染整设备原理 操作 维护	金灿	38.00
基础化学(第二版)(上册)	陈祝军 等	38.00
基础化学(第二版)(下册)	刘妙丽	34.00
印染企业管理	姜生	36.00
染整助剂及其应用	夏建明 等	38.00
配色与打样	蔡苏英	32.00
染整工艺设计与产品开发	贺良震	32.00

【21世纪职业教育重点专业教材】

书 名	作 者	定价(元)
纤维素纤维制品的染整	朱世林 等	20.00
蛋白质纤维制品的染整	周庭森 等	22.00
合成纤维及混纺纤维制品的染整	罗巨涛 等	30.00
纺织品印花	李晓春 等	28.00

书 名	作 者	定价(元)
生产技术书		
服装印花及整理技术500问	薛迪庚	32.00
筒子(经轴)染色生产技术	童耀辉	28.00
纺织品清洁染整加工技术	吴赞敏	30.00
印染技术500问	薛迪庚 等	32.00
染整生产疑难问题解答(第2版)	唐育民	38.00
筛网印花	胡平藩 等	36.00
织物抗皱整理	陈克宁 等	28.00

书 名	作 者	定价(元)
染整试化验	林细姣	35.00
染整工业自动化	陈立秋	38.00
数字喷墨印花技术	房宽峻	32.00
毛织物染整技术	上海毛麻研究所	32.00
针织物染整技术	范雪荣	35.00
含氨纶弹性织物染整	徐谷仓 等	30.00
新型纤维及织物染整	宋心远	36.00
染色实用技术答疑	崔浩然	55.00
竹纤维及其产品加工技术	张世源	36.00
化学纤维鉴别与检验	沈新元	48.00
生态家用纺织品	张敏民	28.00
印染染化料配制工	胡平藩 等	42.00
PTT纤维与产品开发	钱以竑	32.00
新型纺织测试仪器使用手册	慎仁安主编	50.00
新型染整工艺设备	陈立秋	42.00
新型染整助剂手册	商成杰	30.00
染整助剂新品种应用及开发	陈胜慧 等	35.00
纺织品印花实用技术	王授伦 等	28.00
纺织品物理机械染整	马晓光 等	36.00
拉舍尔毛毯的质量与检验	何志贵 等	26.00
特种功能纺织品的开发	王树根 等	26.00
纺织新材料及其识别	邢声远 等	27.00
熔纺聚氨酯纤维	郭大生 等	48.00
功能纤维与智能材料	高洁 等	28.00

注 若本书目中的价格与成书价格不同，则以成书价格为准。中国纺织出版社图书营销中心销售电话：
(010)87155894。或登陆我们的网站查询最新书目：
中国纺织出版社网址：www.c-textilep.com